Undine Westphal

DER IMKER KURS für Einsteiger

Nachhaltige Bienenhaltung Schritt für Schritt
Mit über 120 Fotos genau erklärt

ulmer

Was summt denn hier?

Die wunderbare Welt der Bienen 7

Die Grundlagen 29

Service 149

Herzlich willkommen in der Welt der Honigbienen

Sie haben sich dazu entschlossen, das Imkern zu lernen, möchten aber nicht den letzten Tropfen Honig aus dem Bienenstock pressen, sondern artgerecht und nachhaltig imkern? Dann sind Sie hier genau richtig! Ich begleite Sie nicht nur bei Ihren ersten Schritten in eine eigene Imkerei, sondern versuche Ihnen das Imkern im Einklang mit der Natur nahezubringen. Wir können in einer kleinen Hobbyimkerei ganz anders mit den Bienen arbeiten, als das in einer großen Erwerbsimkerei möglich ist. Wir können auf einen Teil des Honigs verzichten, zu Gunsten der Bienen. Wir können mit Ruhe Durchsichten machen und dabei sehr vorsichtig mit den Bienen umgehen. Uns hetzt keiner und nichts ist schöner, als einen Augenblick zu verharren, um die Bienen auf den Waben zu beobachten. Nachhaltige Imkerei hat viel mit Genießen zu tun, und zwar auf beiden Seiten, bei Mensch und Insekt gleichermaßen. Wenn Sie lernen, den Bienen Respekt entgegenzubringen, werden sie es Ihnen danken. Nicht nur mit selbst geerntetem Honig, sondern auch durch tiefe Einblicke in den Superorganismus-Staat unserer Honigbiene.

Ich wünsche Ihnen viel Vergnügen und Erfolg mit Ihren Bienen!

Undine Westphal

Ein Leben ohne Bienen – für mich unvorstellbar.

Die wunderbare Welt der Bienen

Die spannende Biologie der Honigbiene

Wer imkern möchte, kommt nicht darum herum, sich mit der Biologie der Honigbiene auseinanderzusetzen. Wer die Bienen nicht versteht, wird nie eins mit diesen bezaubernden kleinen Wesen – und nie ein erfolgreicher Imker werden.

Eine wunderbare helle Brutwabe, so soll es aussehen.

DIE DREI BIENENWESEN

Es gibt im Bienenstock – während des Sommers – drei verschiedene Bienenwesen: pro Volk eine Königin (weiblich), etwa 2000 Drohnen (männlich) und circa 50.000 Arbeiterinnen (weiblich).

Die Königin ist ausschließlich für das Eierlegen zuständig: Rund 2000 Stück pro Tag kann sie in der Hochsaison legen! Die Drohnen sind fast ausschließlich zum Begatten der Jungköniginnen vorgesehen. Bei Erfolg versterben sie direkt nach dem Akt. Ansonsten werden sie als überschüssige Fresser im August von den Arbeiterinnen aus dem Stock geworfen. Die Arbeiterinnen sind, wie der Name schon sagt, für alle anderen Jobs zuständig.

VOM EI ZUR BIENE

Die Königin legt ein Ei in eine Zelle. Aus dem Ei (Stift genannt) schlüpft am dritten Tag eine kleine Made. Diese Made wird 200-mal am Tag gefüttert, bis sie nach weiteren fünf Tagen so fett geworden ist, dass sie als sogenannte Streckmade gerade noch in ihre Zelle passt. Die Streckmade spinnt sich am achten Tag in einen Kokon ein, um sich in Ruhe weiterentwickeln zu können – ähnlich wie beim Schmetterling. Am 21. Tag schlüpft dann die fertig entwickelte Arbeiterin aus dem Kokon.

← Arbeiterinnen erfüllen alle Tätigkeiten im Bienenstock.

Am Körbchen, das sich am Hinterbein befindet, sammelt die Biene den Pollen.

ENTWICKLUNG DER ARBEITERIN

Und jetzt wird es spannend. Gleich nachdem die Arbeiterin geschlüpft ist, hat sie ihren ersten Job: Putzfrau! Sie putzt als Erstes ihre Zelle. In eine nicht gereinigte Zelle würde die Königin kein Ei legen, und da sie Tag und Nacht ununterbrochen legt, benötigt sie eine Vielzahl sauberer Zellen. Anschließend putzt sich die junge Biene weiter durch den ganzen Stock und lernt so ihre Umgebung kennen. Sie findet so das Futter, die Königin, den Einflug und alles weitere.

Ab dem fünften Lebenstag reift in ihrem Kopf die Futtersaftdrüse. Jetzt wird sie zur Amme. Die Futtersaftdrüse funktioniert wie das Euter bei einer Kuh: Die Arbeiterin kann jetzt die kleinen Maden mit Gelée royale füttern.

Ab dem zwölften Lebenstag reifen die Wachsdrüsen in der Unterseite ihres Hinterleibes: Jetzt kann sie Bienenwachs ausschwitzen und wird zur Baumeisterin.

Wenn sie circa 16 Tage alt ist, füllt sich ihre Giftblase und sie wird zur Wächterin. Ihr Arbeitsplatz ist jetzt der Einflug, wo sie kontrolliert, wer in den Stock möchte. Bienen, die jünger als 16 Tage sind, können nicht stechen!

Erst ab dem 20. Lebenstag wird die Arbeiterin zur Sammelbiene und verlässt das erste Mal für längere Flüge den Stock. Alle anderen Berufe fanden ja im Innendienst statt. Ihre Futtersaftdrüse hat sich umgewandelt und wird so zur „Honigdrüse“. Wenn die Sammlerin jetzt Nektar einsaugt, fließt dieser durch die Drüse und wird dort mit Enzymen und anderen wichtigen Stoffen veredelt. Erst dadurch kann aus Nektar Honig werden.

Die Sammlerin fliegt nun rund 15 Tage lang, um Nektar zu sammeln, danach verstirbt sie. Warum? Ganz einfach, sie hat sich quasi totgearbeitet. Im Bienenstock gibt es keine Betten, es wird im Akkord gearbeitet, Tag und Nacht. Die Biene ist nach dem Schlupf ausgewachsen, wir können außer bei einer frisch geschlüpften (grau und puschelig aussehenden) und einer sehr alten Biene (deren Haare fallen aus) nicht erkennen, wie alt sie ist.

Die Arbeiterin ist die kleinste Biene im Stock. Sie hat einen gestreiften Hinterleib und, als Besonderheit, Spezialhinterbeine. An diesen Beinen findet sich jeweils eine Verplattung, auf der Haare eine Art Körbchen bilden: So transportiert die Sammlerin den Blütenstaub. Weder Drohnen noch Königinnen besitzen diese Körbchen.

Die Arbeiterin ist die kleinste Biene im Stock.

WINTER- UND SOMMERBIENEN

Diese Arbeitsteilung der Arbeiterin gilt nur im Sommer. Im Winter sieht es ganz anders aus – da werden die Bienen im Gegensatz zu den Sommerbienen auch uralt.

In der kalten Jahreszeit, bei Temperaturen unter 10 °C, krabbeln alle Bienen ganz dicht aneinander (sie bilden eine Wintertraube) und wärmen sich gegenseitig. Die Königin befindet sich immer gut geschützt in der Mitte der Traube. Im Winter gibt es nur Innendienst, es existiert keine Brut, die gefüttert werden muss, es wird kein Wachs verbaut, kein Einflug verteidigt und kein Nektar gesammelt. Die Bienen reiben mit ausgekoppelten Flügeln ihre Flugmuskeln, so entsteht Wärme. Das ist die hauptsächliche Wintertätigkeit der Arbeiterinnen.

Im zeitigem Frühjahr fängt die Königin wieder an, wenige Eier zu legen. Und jetzt passiert etwas Unglaubliches: Die alten Winterbienen können ihre Drüsen wieder reaktivieren. So werden sie erneut zur Putzfrau, Amme, Bauarbeiterin, Wächterin und Sammlerin. Erst wenn die neuen Arbeiterinnen schlüpfen, übernehmen diese die Arbeiten der alten Winterbienen. Und dann sterben die alten Arbeiterinnen. Teilweise sind sie dann mehr als ein halbes Jahr geworden (während Sommerbienen nach knapp 34 Tagen versterben). Das ist faszinierend, oder?

DROHNEN

Drohnen sind der männliche Part des Bienenvolkes. Eine Drohne ist stark behaart, dicker und größer als die Arbeiterin. Erkennen kann man sie recht einfach an den sehr großen Augen. Drohnen besitzen keinen Stachel. Sie entstehen aus unbefruchteten Eiern der Königin, lassen sich mit ihrer Entwicklung ein wenig mehr Zeit und schlüpfen erst nach 24 Tagen. Im Schnitt leben sie – es sei denn, sie kommen bei der Begattung der Jungkönigin zum Zuge – drei bis fünf Monate. Drohnen schieben im Bienenstock eine eher ruhige Kugel. Langes Ausschlafen gehört genauso zu ihrem Leben wie sich putzen und füttern zu lassen: Ohne die Arbeiterinnen sind die Drohnen verloren.

Im Winter gibt es keine männlichen Bienen, weil sie nicht benötigt werden. Die ersten Drohnen schlüpfen im Frühjahr, und im August werden sie bei der Drohnenschlacht aus dem Stock geworfen, weil das Futter über die kalte Jahreszeit sonst nicht für das Volk reichen würde.

Im Stock ist, um Inzucht zu vermeiden, die eigene Königin tabu. Ab dem Frühjahr bis in den Spätsommer hinein treffen sich die Drohnen daher bei schönem Wetter um die Mittagszeit an sogenannten Drohnenplätzen, um dort die Jung-

Drohnen werden von den Arbeiterinnen versorgt.

königinnen in der Luft zu begatten. Beide Geschlechter finden sich mit der Sicherheit sich anziehender Magneten. Wie es ihnen gelingt, diese Plätze zu finden, ist bis heute gänzlich unerforscht. Beim Akt wird der Drohne das Geschlechtsteil herausgerissen, wodurch sie direkt verstirbt.

Neue Untersuchungen haben ergeben, dass Drohnen auch die Brut mitwärmen und zur allgemeinen Volksharmonie beitragen.

Eine sehr wichtige Information für das Imkern: Die Zellen, aus denen die Drohnen schlüpfen, sind größer als die der Arbeiterinnen, teilweise auch höher und werden als Buckelbrut bezeichnet.

DIE KÖNIGIN

Die Königin wird in der Imkerei Weisel genannt. Sie ist das größte Insekt im Bienenstock, mit den kürzesten Flügeln im Verhältnis zu ihrer Körperlänge. Je nach Art kann sie sehr hell oder auch dunkel gefärbt sein und hat rötliche Beine, im Gegensatz zu den Arbeiterinnen, die schwarze Beine besitzen. Sie schlüpft schon nach 16 Tagen. Und sie entwickelt sich genau wie die Arbeiterinnen aus einem befruchteten Ei. Die Arbeiterinnen entscheiden, ob aus dem Ei eine Arbeiterin oder eine Königin wird – letzteres, indem sie die daraus geschlüpfte Made ausschließlich mit Gelée royale füttern. Eine Arbeiterinnenmade bekommt diesen königlichen Futtersaft nur in den ersten drei Tagen, die Weisel ihr ganzes Leben. Dieser Futtersaft sorgt für deren besondere Entwicklung. Eine Königin entsteht in speziellen Weiselzellen, die an den Waben hängen wie eine kleine Nase – da die Weisel für ihre Entwicklung mehr Platz benötigt.

Viele Imker markieren ihre Königin mit einem bunten Punkt, damit sie im Volk schneller und besser gefunden werden kann.

Ein paar Tage nach dem Schlupf fliegt sie zu ihrem Begattungsflug aus, bei dem sie sich mit mehreren – bis zu 20 – Drohnen paart. Danach verlässt sie den Stock nicht mehr, außer wenn das Volk schwärmt, doch dazu später mehr. Eine Königin kann drei bis sechs Jahre alt werden. In der modernen Erwerbsimkerei wird sie nach zwei Jahren ausgetauscht, weil dann ihre Legetätigkeit nachlässt; ähnlich wie beim Huhn, das irgendwann, wenn es älter wird, auch weniger Eier legt.

Die Weisel kann sich nicht selbst versorgen, sie wird von den Arbeiterinnen geputzt und gefüttert. In der Regel ist sie umgeben von einem Hofstaat, der sich nur um ihr persönliches Wohlergehen kümmert. Beim Königinnen-Suchen kann man sich gut an diesen Bienen orientieren.

⟵ Die Königin ist die Mutter aller Bienen, sie wird von ihrem Hofstaat umsorgt.

Wildbienen – die Schwestern der Honigbienen

Wer heutzutage beschließt, Honigbienen zu halten und mit dem Imkern zu starten, tut dies meist aus ökologischen Gründen. Früher stand eher der Profit durch den Honigverkauf im Vordergrund, heute will eigentlich fast jeder Imker in erster Linie die Bienen retten.

Die Gartenwollbiene braucht zwingend den Wollziest.

← Die Frühlings-Seidenbiene nistet im lockeren Sand.

Tatsächlich ist die Bienenrettung auch dringend notwendig, denn ein Honigbienenvolk kann nur überleben, wenn es von einem sachkundigen Imker betreut wird. Bienenschwärme, die sich in hohlen Baumstämmen niederlassen, sind seit dem Auftreten der Varroamilbe unbehandelt dem Untergang geweiht – spätestens nach zwei Jahren.

Viele vergessen jedoch, dass es neben der prominenten Honigbiene noch circa 550 andere Bienenarten in Deutschland gibt: die Wildbienen, deren weitaus größte Gruppe die Solitärbienen sind. Da diese aber keinen Honig produzieren, hatten sie lange Zeit keine Lobby und waren beziehungsweise sind dem Normalbürger eher unbekannt.

WAS SIND SOLITÄRBIENEN?

Solitärbienen leben nicht in einem Volk, sondern sind gänzlich auf sich allein gestellt. Sie bauen und bevorraten ohne Hilfe von Kolleginnen ihre Brutzellen. Ist ihre Niströhre oder das Gelege fertiggestellt, verstirbt die Biene, und ihre Brut entwickelt sich selbstständig weiter. Und weil Solitärbienen keinen Wintervorrat benötigen, produzieren sie auch keinen Honig.

← Drohne einer Frühlings-Pelzbiene in ihrem Übernachtungsquartier.

Eine Hosenbiene an ihrem Nesteingang, sie gräbt bis zu 50 cm tief.

Solitärbienen-Arten können sehr klein sein; ihre Körpergröße reicht von drei Millimetern bis hin zu drei Zentimetern. Jede Art sieht völlig anders aus. Solitärbienen können pelzig sein, haarlos, bunt oder einfarbig, dünn oder dick. Hier hat die Natur ihrer Einfallslust und Kreativität kaum Grenzen gesetzt. Die meisten bewegen sich sehr schnell, geradezu hektisch. Warum? Eine Solitärbiene lebt selten länger als 30 Tage und muss in dieser kurzen Zeit so viele Brutzellen bauen wie nur irgend möglich – daher hat sie einfach keine Zeit innezuhalten. Im Unterschied zu den Honigbienen schlafen die Solitärbienen nachts. Sie krabbeln in ihre Brutgänge und warten auf die ersten morgendlichen Sonnenstrahlen, damit sie weiterarbeiten können. Von allen Solitärbienen leben mehr als zwei Drittel im Boden, die anderen oberirdisch in Hohlräumen. Bodennistende Wildbienen-Arten benötigen sandige, karge, unbepflanzte Flächen, in die sie ihre Brutgänge graben können. Diese Brutgänge sind teilweise tiefer als 50 Zentimeter. Wenn Sie jetzt überlegen, wie klein die Bienen sind – eine ungeheure Leistung. In der Erde legen sie dann kleine Brutzellen an, die sie mit Pollen und Nektar bevorraten. Auf diese Pollenbreikugel legen sie je ein Ei und verschließen danach die Zellen. Bis zu 30 Zellen werden so gebaut. Wenn

Die Auen-Schenkelbiene ist abhängig vom Gilbweiderich, an seinen Blüten sammelt sie Öl für ihr Nest.

das Nest fertiggestellt ist, befüllt die Wildbiene das Ganze mit Erdaushub und verstirbt anschließend. Die Brut entwickelt sich ganz allein bis zum Puppenstadium und überwintert in diesem Zustand. Erst im darauf folgenden Jahr schlüpfen die Bienen, indem sie sich ausgraben.

WILDBIENE SUCHT WOHNUNG

Aus der geschilderten Lebensweise der Wildbienen ergibt sich: Es ist gar nicht so wichtig, sich ein Wildbienenhotel in den Garten zu stellen. Besser ist es, geeignete Bodenflächen für die grabenden Insekten zu schaffen. Die meisten Wildbienenhotels sind eh nicht zu gebrauchen. Warum? Solitärbienen sind sehr anspruchsvoll in Bezug auf ihre Wohnungen. Sie benötigen hohle Stängel, die an den Öffnungen glatt sind und nicht ausgefranst sein dürfen. Die Bienen würden

Eine bodenbrütende Wildbiene in ihrem Nesteingang.

sich sonst ihre Flügel verletzen. Außerdem können sie nichts mit Tannenzapfen, Rindenstücken oder Stroh anfangen. Stroh ist besonders schlecht, weil hier Ohrenkneifer nisten und diese sich von Wildbienengelegen ernähren. In vielen Wildbienenhotels sieht man auch markhaltige Stängel; diese werden jedoch nur von Bienen besiedelt, wenn sie aufrecht im Boden stehen, nicht wenn sie liegen. Eigentlich gibt es in diesen Hotels mehr unbrauchbares Nistmaterial als brauchbares. Falls Sie selbst eines gestalten wollen, besorgen Sie sich bitte unbedingt gute Literatur! Wenn Sie dann noch beachten, dass das Hotel in der Vollsonne stehen muss (die Sonne ersetzt die Brutwärme), ein regensicheres Dach hat (feuchte Brutröhren verpilzen), fest installiert ist und nicht schwingt (wie mit Stängeln gefüllte Dosen, die sich im Wind bewegen), schließlich alles mit einem Volierendraht sichern (damit die Vögel die Halme nicht herausziehen und aufpicken) – dann haben Sie schon einmal eine ganze Menge richtig gemacht.

Ein Imker bekommt, wenn er ihn nicht sowieso schon besitzt, im Laufe der Zeit garantiert einen grünen Daumen. Er möchte eben sicher sein, dass seine kleinen Lieblinge satt werden. Satt bedeutet bei Bienen: Nektar und Pollen im Überfluss das ganze Jahr hindurch. Und genau hier sollten Sie die kleinen wilden Schwestern der Honigbienen, unsere Solitärbienen, nicht vergessen. Honigbienen fahren voll auf Masse ab, Solitärbienen lieben Abwechslung. Es gibt viele Arten, die eine ganz

Wildbienen sind immer sehr schnell und hektisch unterwegs. Sie müssen ganz allein ihre Brut bevorraten - keiner hilft, deshalb muss es alles etwas schneller gehen.

bestimmte Pflanzengattung brauchen. Den Pollen dieser Pflanzen benötigen sie zur Bevorratung ihrer Brutzellen. Manche Wildbienen brauchen zudem die Pflanze selbst, um die Brutzellen zu bauen: Blattschneidebienen etwa fertigen sie aus Blätterstücken. Gartenwollbienen schaben Pflanzenfasern ab und Mohnbienen verpacken ihre Eier in Mohnblattstücke. Wenn diese Pflanze nicht vorhanden ist, kann die Wildbiene weder existieren noch Brut anlegen. Wenn ich also meinen Garten sehr abwechslungsreich gestalte, schaffe ich ein Habitat für viele verschiedene Arten. Ein Hit in den Augen der Wildbienen sind Wildobst, Kräuter und Glockenblumen. Warum Glockenblumen? Glockenblumen sind Übernachtungsmöglichkeiten für Wildbienenmänner. Wildbienenmänner sind nach dem Schlupf wohnungslos, da in den Brutröhren ausschließlich Wildbienenweibchen übernachten. Also suchen sich die Männer andere trockene Schlafplätze. In Glockenblumen kann man sich herrlich hinter dem Stempel festklemmen und gleich nach dem Aufwachen frühstücken. Honigbienen geben sich mit solch dezenten Angeboten meist nicht ab, sie orientieren sich lieber an Massentrachten.

Wildbienen sind meist „Haustürsammler“: Das bedeutet, dass sie teils nur wenige hundert Meter weit fliegen können. Daher muss dort, wo sie ihre Brut anlegen, unbedingt auch Nahrung vorhanden sein. Ich kann also sehr leicht beide Arten in meinem Garten willkommen heißen, Honigbienen und Wildbienen. Kümmere ich mich um ein abwechslungsreiches Blütenangebot, gibt es kein Konkurrenz-

Nesteingänge einer Sandbiene.

verhalten, weil für alle reichlich Nahrung vorhanden ist. Wenn Sie Habitate für viele verschiedene Arten schaffen möchten, schaffen Sie Strukturen in Ihrem Garten. Legen Sie eine Trockenmauer an, schaffen Sie Sandflächen, vielleicht kommt so eine alte ungenutzte Sandkiste wieder in den Einsatz? Bauen Sie Kräuterbeete, Lehmmauern, Totholzareale, und stellen Sie den Rasenmäher höher, damit der Klee blühen kann. Säen Sie Wildblumenwiesen an, nachdem der Boden abgemagert – also seine Humusschicht entfernt – wurde, dann blüht es viel intensiver.

NOCH EINE WILDE SCHWESTER – DIE HUMMEL

Ein paar Sätze zur Hummel. Hätten Sie gewusst, dass auch sie zu den Wildbienen gehört? Die Hummelkönigin gründet Sommerstaaten, überwintert aber, nachdem das Volk im Herbst verstirbt, als Einzelinsekt im Boden. Sie gräbt sich im Frühjahr aus und sucht unterirdische Hohlräume, beispielsweise verlassene Mäusenester. Dort baut sie ihr Nest. Hummeln modellieren sich aus Tierhaaren richtige kleine Wärmekugeln. Aus Wachs, das sie genau wie die Honigbienen selbst produziert, fertigt die Königin eine Eiwiege, in die sie bis zu acht Eier hineinlegt. Hummelkinder mögen es halt kuschelig. Außerdem baut die Königin ein Nektartöpfchen aus Wachs und befüllt es. Danach setzt sie sich wie eine Glucke auf die Eiwiege und wärmt so ihre Brut. Ab und an, wenn der Nektar zur Neige geht, muss sie kurze Flüge nach draußen starten, um wieder nachzutanken. Übrigens können Hummeln keinen Honig herstellen und das ist auch gut so. Warum? Hummeln sammeln auch giftigen Nektar, zum Beispiel an Rhododendren. Würde der in den Honig wandern, wäre dieser hochtoxisch und nicht zum Verzehr geeignet!

Wenn die Maden nach ein paar Tagen schlüpfen und dann ordentlich gefüttert werden, wachsen sie sehr schnell. Dann spinnen sie sich – diesmal einzeln – in einen Kokon ein

Der Spatz unter den Hummeln ist die Ackerhummel, sie kommt überall reichlich vor.

Die Baumhummel ist die einzige Hummel, die ärgerlich wird, wenn sie genervt ist.

(Teenies bevorzugen Einzelzimmer!) und entwickeln sich in knapp drei Wochen zur fertigen Hummel. So entsteht das erste Hummelvölkchen. Diese Arbeiterinnen unterstützen dann die Königin, bis die sich nur noch um das Eierlegen kümmert.

Auch Hummeln sind derart faszinierende Insekten, dass es große Freude macht, sie im Garten beobachten zu können. Da fällt mir gerade noch eine ganz wichtige Information für Sie ein: Wildbienen stechen im Gegensatz zu Honigbienen nicht. Ihr Stachel ist meist so klein und winzig, dass er unsere Haut gar nicht durchdringen kann. Es gibt natürlich wie überall auch hier Ausnahmen – und das sind eben die Hummeln. Eine der vielen Hummelarten, die Baumhummel, wird ein wenig kiebig, wenn sie gestört wird. Daher Nase ins Hummel-Bestimmungsbuch und schauen, dass man zumindest die Baumhummel klar erkennen kann. Alle anderen Hummeln sind absolut friedfertig, auch im Nestbereich. Da Hummeln zum Nisten verlassene Mäusenester brauchen, verbannen Sie bitte die Mausefallen aus Ihrem Garten. Je mehr Mäuse, desto mehr Hummeln.

Fazit

Imkern und das Halten von Honigbienen erweitert ungemein den Horizont. Wenn Sie sich aber damit noch nicht zufriedengeben und auch mal nach den anderen Insekten schauen, wird es erst richtig interessant. Die Natur hat so viele Wunder zu bieten – der Mensch muss sie gar nicht suchen, er muss sich nur darauf einlassen: Dann findet er sie von ganz allein.

Welt ohne Bienen? – Das große Bienensterben

Wohl jeder hat den Spruch schon einmal gehört: Stirbt die Biene, hat der Mensch nur noch vier Jahre zu leben. Erschütternde Zeilen – aber was ist da dran? Stirbt unsere Biene wirklich aus? Ist es Wahrheit, Spekulation oder Panikmache?

Eine Steinhummelkönigin trägt einen wunderschönen schwarz-orangefarbenen Pelz.

In erster Linie kann ich Sie beruhigen: Unsere Honigbiene ist weniger betroffen als die Wildbienen. Warum? Weil es Sie gibt! Sie wollen anfangen zu imkern und werden so automatisch zum Schutzengel Ihrer Honigbienen. Von Stund an kümmern Sie sich um Ihre kleinen Lieblinge, füttern sie falls nötig, geben ihnen mehr Raum, wenn der gebraucht wird, halten ihnen die lästigen Varroamilben vom Leib und passen rundum gut auf sie auf. Die Bienen sind ab jetzt Ihre „Haustiere" – nur ins Bett bringen müssen Sie sie nicht, das erledigen sie praktischerweise ganz allein. Jeder Haustierbesitzer möchte, dass es seinem Liebling gut geht. Merken Sie was? Mit Ihrer Fürsorge können Sie den Bienen das Leben ungemein erleichtern, von Aussterben also keine Spur.

Aber: Natürlich ist in dem Spruch dennoch jede Menge Weisheit und Wahrheit versteckt. In erster Linie sind mit dem Aussterben nämlich unsere Wildbienen (siehe Seite 16) gemeint. Ohne Lobby ist das Überleben schwer für sie. Sie sind halt einfach da, doch stopp, so stimmt das natürlich auch nicht. Wildbienen sind genauso wichtig wie Honigbienen, weil sie hervorragende Bestäuber sind. Obstbaumplantagen und Gemüsebauer arbeiten schon seit Längerem mit Hummeln (siehe Seite 22). Warum? Hummeln haben einen prächtigen Pelz und können daher schon bei Temperaturen knapp über dem Gefrierpunkt fliegen. Da bleibt unsere Honigbiene noch in der Beute und kuschelt mit ihrem Volk. Sie fliegt erst bei über 10 °C. Hummeln sind zudem Weltmeister im Vibrationsbestäuben, bei dem der Blütenpollen durch kräftiges Vibrieren der Flugmuskulatur regelrecht herausgerüttelt wird; Tomaten sind dabei ihr Spezialgebiet. Die Honigbiene dagegen hat nicht die Kraft, den Pollen aus den Staubgefäßen zu schütteln. Und noch etwas kann die Hummel: Sie vermag in Gewächshäusern zu fliegen. Die Bienen hauen sich nur den Kopf an, weil sie das Glas nicht erkennen.

Alle unsere Wildbienen sind ortsgebunden, weil sie nur kurze Strecken fliegen. Gibt es in ihrer Nähe keine Nahrung mehr, versterben sie. Honigbienen kann

⟵ Erdhummeln werden gerne in Gewächshäusern zur Tomatenbestäubung eingesetzt.

Das beste Wildbienenhabitat ist ein unaufgeräumter Garten mit Sand-, Totholz- und Steinhaufen, da findet jede Wildbiene ein Zuhause.

man mit ihrer Beute andernorts aufstellen, man wandert quasi in die Tracht mit ihnen. Wenn in der Landwirtschaft die Rapsfelder abgeblüht sind, nimmt der Imker seine Bienenkisten wieder mit nach Hause. Die Wildbienen jedoch müssen dort bleiben, und falls im Anschluss an dieser Stelle nichts mehr blüht – ja, Sie merken es – verhungern sie. Katastrophal wird es, wenn Gehölzstreifen an Feldern entfernt werden, denn dann gibt es dort kein Wildbienenhabitat zum Nisten mehr. Auch wenn Feldfrüchte mit Pestiziden besprüht werden, geht es selten gut aus für die Wildbienen. Ist in Ortschaften nachts alles beleuchtet (Stichwort Lichtverschmutzung), fliegen die Wildbienen weiter und werden von Fledermäusen gefressen. Wenn Häuslebauer ihre Vorgärten schottern und Platten bis zur Haustür legen, gibt es auch dort keine Nistmöglichkeit mehr – mal ehrlich, wann und wo haben Sie den letzten tollen Blumengarten gesehen? All das und noch viel mehr macht den Wildbienen unheimlich zu schaffen: Monokulturen in der Landwirtschaft, Verarmung der Habitate durch Entfernen der Gehölzstreifen, Pestizide (auch Häuslebesitzer verwenden Gift im Garten, das genauso schlimm sein kann wie Glyphosat), Hunger durch zu wenig Blühpflanzen usw.

Ein natürliches Wildbienenhotel …

Das sind die Probleme der Bienen, und wenn keiner gegensteuert, werden mit Sicherheit immer mehr von diesen kleinen zauberhaften Wesen auf der Roten Liste bedrohter Arten erscheinen. Wir Menschen müssen nur akzeptieren, dass viele Lebewesen auf diesem Planeten existieren, die bestimmt wichtiger als wir selbst sind. Dann einfach Ärmel hochkrempeln, Wildwiesen ansäen, Gift aus dem Garten verbannen und vielfältige Strukturen schaffen. So lassen sich Bienen retten! Wenn Sie und viele mit Ihnen je eine kleine Oase für die Wildbienen schaffen (siehe Seite 21), entsteht vielleicht ein breites Band von kleinen Inseln, die irgendwann zusammenwachsen.

Ein Ort, an dem die Bienen sicher sind, Nahrung und Habitate vorfinden, ein Träumchen, das auch durch Sie wahr werden kann.

So einfach gelingt Bienenschutz!

⟵ Eine kleine Wildblumenrabatte, Futter für alle Insekten.

Die Grundlagen

Noch bevor es richtig losgeht …

Damit die Freude, Bienen zu halten, nachhaltig auf beiden Seiten und auch möglichst lange bestehen bleibt, bekommen Sie hier die ersten wichtigen Tipps dafür. Bevor Sie mit Ihrem ersten Bienenvolk starten, sollten Sie sich unbedingt die folgenden Ratschläge gut durchlesen – es kann Ihnen eine Menge Ärger und Arbeit ersparen.

EIN WENIG BÜROKRATIE

Auch der Amtsschimmel will den Standplatz Ihrer Bienen kennen und meldet Interesse an.

Meldepflicht

Sie müssen Ihre Bienen beim zuständigem Veterinäramt anmelden. Denn: Bienen sind – als Nutztier – meldepflichtig, nicht anders als Hühner, Schweine oder Rinder. Warum eigentlich? Bienen können sich mit einer sehr gefährlichen Bienenkrankheit, der Amerikanischen Faulbrut, anstecken (mehr dazu siehe Seite 85). Diese ist für Bienenvölker hochgradig ansteckend und führt bei unentdeckter Infektion zu ihrem Tod. Zudem können infizierte Bienen, da sie mehrere Kilometer weit fliegen, auch andere Völker anstecken. Die Amerikanische Faulbrut ist meldepflichtig, sodass die Veterinärbehörde im Falle eines Ausbruchs gezielt alle gemeldeten Völker in der Ausbruchsregion testen und Sperrzonen einrichten kann, um so eine weitere Ausbreitung zu verhindern. Wird die Amerikanische Faulbrut bei einem Imker, der seine Völker nicht gemeldet hat, festgestellt, kann das empfindliche Geldstrafen zur Folge haben.

Die zuständigen Veterinärämter finden Sie in Ihrer regionalen Behörde. Leider agieren die Bundesländer unterschiedlich und Meldung und Betriebsnummer sind nicht überall kostenlos. In einigen Regionen kann alles online beantragt werden, in anderen muss man noch schriftlich melden.

Im Rahmen Ihrer Anmeldung ist auch der Standort und die Anzahl Ihrer Völker anzugeben. Sollten Sie innerhalb eines Jahres mehr Bienenvölker als gemeldet besitzen, müssen Sie diese nachmelden. Ein Bienenvolk ist per Definition: Bienen mit einer Königin, Waben und einer Behausung. Demzufolge wird ein Bienen-

Die Betriebsnummer ist sehr wichtig und sollte für zukünftige Nachfragen gut aufbewahrt werden!

schwarm erst zum Volk, wenn der Schwarm in einer Bienenbeute einlogiert wurde. Sollten Sie sich nach einiger Zeit einen zweiten Bienenstand zulegen, muss auch dieser Platz beim Veterinäramt angemeldet werden.

Da Bienen hier in Deutschland noch ortsüblich sind, wird der Meldung der Bienenvölker fast immer stattgegeben, auch wenn der Nachbar mit Ihrer zukünftigen Bienenhaltung nicht einverstanden sein sollte. Die einzige Reglementierung, die ein Veterinäramt aussprechen würde, wäre eine Dezimierung der Völkeranzahl, falls Sie eine Unzahl an Völkern auf ein viel zu kleines Grundstück stellen wollten.

Weitere gesetzliche Regelungen

Davon gibt es etliche innerhalb der Imkerei, und Sie sollten sie kennen, denn: Unwissenheit schützt vor Strafe nicht. So gilt etwa außer der zuvor beschriebenen Meldepflicht noch die sogenannte Bienenseuchen-Verordnung. Sie schreibt vor, das alle leeren Beuten stets verschlossen sein müssen. Daher ist es untersagt – auch zum Einfangen von Schwärmen – leere Beuten zum Anlocken aufzustellen. Selbst der alte Strohkorb darf zwar im Garten als Dekostück aufgestellt werden, muss aber ein verschlossenes Einflugloch aufweisen. Warum? Es soll auf diese Weise verhindert werden, dass sich unbemerkt ein Schwarm dort einquartiert, der unbeimkert vielleicht irgendwann an der Amerikanischen Faulbrut erkrankt und so zum Seuchenherd wird. Zuwiderhandlungen werden mit Geldstrafen belegt.

Ein kurioses Gesetz steht sogar im Bürgerlichen Gesetzbuch, dem BGB. Wir Imker dürfen zum Einfangen unserer Schwärme fremde Grundstücke betreten, ohne vorher um Erlaubnis gebeten zu haben. Warum? Das ist ein uralter Paragraf, der dem Imker das Leben erleichtern soll, damit er nicht allzu viel Zeit verliert. Denn Schwärme verbleiben an ihrem ersten Rastplatz nur eine kurze Zeit, um dann bald weiterzuziehen. Im wirklichen Leben würde ich Ihnen natürlich dennoch empfehlen, erst einmal beim Grundstückseigentümer zu klingeln. Sollte aber niemand da sein, könnten Sie sich tatsächlich völlig ungestraft den Schwarm holen. Auch das Besitzrecht eines Schwarmes wird im BGB geregelt. Es ist ähnlich wie beim ersten Menschen auf dem Mond: Einfach die Fahne in den Boden rammen, und schon ist klar, wem der Schwarm gehört.

Steuerfreie Bienenhaltung?

Biene und Finanzamt? Kaum zu glauben, aber auch hier gibt es jemanden, der ganz genau wissen möchte, wie viele Bienen Sie haben … Wer bis zu 29 Bienen-

Es gibt sehr viele Besonderheiten beim Imkern, weil das Imkern wohl so alt ist wie die Menschheit selbst.

völker bewirtschaftet, kann dies nämlich steuerfrei tun; ab 30 Völkern wird das ehemalige Hobby jedoch steuerpflichtig. Wir können also tatsächlich unseren Honig an der Haustür verkaufen und müssen nichts beim Finanzamt versteuern, sofern wir weniger als 30 Völker besitzen. Andere Gesetze gelten, wenn der eigene Honig im Supermarkt angeboten oder auf einem Markt verkauft wird. Dann wird häufig ein Gewerbeschein verlangt oder es muss Mehrwertsteuer auf den Rechnungen ausgewiesen werden. Wenn Sie eines Tages groß einsteigen möchten, erkundigen Sie sich bitte unbedingt zuvor bei der Finanzbehörde und Ihrem Steuerberater.

Wildwiesen direkt am Bienenstand, Honig- und Wildbienen freuen sich.

GRUNDSTÜCKE NEBENAN – DIE LIEBEN NACHBARN

Wenn Sie sich sicher sind, dass Sie in Ihrem Garten Honigbienen eine Heimat geben wollen, sollten Sie frühzeitig mit den Nachbarn reden, um vorprogrammierten Ärger gleich im Keim zu ersticken.

Generell gibt es zwei Sorten von Nachbarn: Die einen sind sehr liebenswürdig und genauso naturverrückt wie Sie, die anderen eher Spießer, die in ihren Garten einrücken wie eine Armee in den Krieg. Alles, was nur annähernd nach Unkraut aussieht, wird sofort mit Unkrautvernichter besprüht, Insekten sind unerwünscht, steinerne Platten werden bis an die Haustür verlegt und als Gartenbegrenzung Lebensbaumhecken gepflanzt. Nur am Rande bemerkt: Lebensbäume (Thuja) sind ökologische Friedhöfe und zudem in allen Pflanzenteilen giftig. Kein Vogel brütet hier, und auch Insekten machen einen weiten Bogen um solche Hecken.

Zurück zum Nachbarn. Weil Sie ein netter Mensch sind, teilen Sie Ihren Nachbarn mit, was demnächst bei Ihnen im Garten einziehen wird. Dann gibt es zwei mögliche Antworten. Die erste: Wundervoll, darf ich Ihnen dann Honig abkaufen und ab und an zusehen, wenn Sie zu den Bienen gehen? Die zweite: Meine Frau ist allergisch gegen Bienen, ich verbiete Ihnen die Haltung oder/und verklage Sie. Wenn Sie Nachbarn aus der ersten Kategorie haben, herzlichen Glückwunsch!

Fluglochlenkung mit Hilfe einer Himbeerhecke vor dem Ausflug.

Bei unangenehmen Zwischenfällen wie Reinigungsflug (vollgekleckerte Wäsche) oder gestochenen Enkeln einfach ein Glas Honig über den Zaun reichen und sich im Namen der Bienen entschuldigen.

Probleme mit den Bienen wird es hier niemals geben. Die zweite Kategorie ist zwar ärgerlich, war vermutlich aber vorher schon nicht einfach. Ansonsten haben Sie hier nichts zu befürchten. Warum? Ihr Nachbar kann Ihnen Ihre Bienenhaltung nicht verbieten, auch wenn er nachweislich tatsächlich an einer echten Bienengiftallergie leiden sollte. Der Trick ist die sogenannte Ortsüblichkeit der Biene, die bei uns – zum Glück – noch überall gegeben ist. Da die Bienen keine Kennzeichnung oder Nummernschilder tragen, kann der Nachbar bei einem Stich nicht nachweisen, dass es Ihre Biene war. So einfach ist das. Wenn er den Klageweg wählt, kann Ihre Bienenhaltung maximal vom Amt auf weniger Völker dezimiert werden. Ansonsten ist der allergische Nachbar gut beraten, seine Allergie medizinisch behandeln zu lassen. Was würde mit ihm passieren, wenn er etwa im Auslandsurlaub von einer Biene gestochen würde und dort nicht den deutschen Luxus eines Rettungswagens innerhalb weniger Minuten erwarten könnte?

Das ist natürlich eine leicht übertriebene Situation; ähnliche Fälle sind mir aber schon untergekommen, weil ich häufig bei Streitfällen als Bienensachverständige hinzugezogen werde. Hier hilft dann in erster Linie Aufklärung. Viele Menschen verwechseln auch Bienen mit Wespen und befürchten unliebsamen Insektenbesuch am Grill oder an der Kaffeetafel. Da Bienen aber Vegetarier sind, halten sie sich wirklich nur an nektar- und pollengebenden Blüten auf. In Gesprächen kann man dann sehr schnell beruhigen, dass Bienen keinerlei Interesse an Bratwurst oder Torte haben. Manchmal hilft es auch, den Bienenstock an einen anderen Ort als zunächst geplant zu stellen. Es muss ja nicht direkt am Zaun zum Nachbarn – mit dem Ausflug zu seiner Seite hin – sein. Wir können die Bienen auch ein wenig dressieren, sodass sie nicht flächig fliegen, sondern gleich in Richtung Himmel starten. Das nennt man Fluglenkung; sie wird durch das Anpflanzen von Hecken im Abstand von ein bis zwei Metern zum Flugloch erreicht.

Übrigens: Wenn all die Menschen, die ich bei Streitgesprächen versucht habe, aufzuklären, tatsächlich allergisch auf Bienengift reagierten – es würde mit Sicherheit per Gesetz verboten sein, Bienen zu halten.

KOMPATIBEL ODER NICHT? BIENEN UND HAUSTIERE

Honigbienen nehmen die meisten unserer Haustiere kaum wahr – aus dem einfachen Grund, dass diese sich selten in den Bienen-Flugbahnen aufhalten und auch eher wenig am Diebstahl des Honigs interessiert sind. Daher gibt es im Regelfall kaum Berührungspunkte zwischen Haustieren und Bienen.

Katzen am Bienenstand

Wer Katzen hat, der weiß: Die Katze ist immer der Boss, und wenn ich „immer“ schreibe, meine ich das auch. Eine Katze wird als alleiniger Grundstücksbesitzer und Chef mit hocherhobenem Schwanz (leicht zuckend) in Richtung Bienenstand spazieren. Dort wird sie sich repräsentativ vor den Einflug setzen und beginnen sich zu putzen, bis … sie zu nahe herankommt und von einer erbosten Biene („troll‘ dich!“) gestochen wird. Die Katze springt daraufhin aus dem Stand mehr als einen Meter hoch und düst mit einhundertachtzig Sachen in Richtung Haus. Sie putzt den Stachel in der Regel ganz allein aus ihrem Pelz und ist ab da mindestens eine halbe Stunde beleidigt.

Normalerweise hat sich das Verhältnis Biene – Katze nach einem Stich geklärt. Kaum ein Stubentiger lässt sich zweimal stechen. Meine Katze sah kurzfristig nach dem Stich aus wie Nofretete. Und in Zukunft schleicht die Katze mit viel Abstand um den Bienenstock herum.

Hunde am Bienenstand

Hunde sind ihrem Besitzer meist treu ergeben, und wenn sie dürfen, verfolgen sie ihn bis an den Bienenstand. Sie legen sich lässig in die Nähe und warten, bis Herrchen oder Frauchen fertig ist. Gestochen werden sie daher nur, wenn sie zu neugierig sind. Falls also der Hund die Nase in den Einflug steckt und dort ordentlich schnuppert, fängt er sich garantiert einen Stich ein. Die Bienen vermuten einen Braunbären, den Honigdieb, und fangen sofort an, sich massiv zu verteidigen. Manch ein Hund hatte hinterher eine stachelige Schnauze wie ein Igel. Die Vierbeiner wälzen sich, reiben mit der Schnauze auf dem Boden und leiden jämmerlich. Leider dauert es bei manchen Hunden länger, bis sie einsehen, dass das alles keine gute Idee war. Gestochen werden besonders auch stark riechende (etwa alte) Hunde; die sollten am Stand besser mit Abstand geparkt werden. Und dunkle Hunde werden häufiger gestochen als helle.

Hühner am Bienenstand

Hühner scharren unglaublich gern und intensiv direkt vor dem Einflug, weil hier die meisten toten Bienen zu finden sind. Und sie werden vonseiten der Bienen nicht belästigt, selbst wenn sie in Scharen kommen. Huhn und Biene sind sowieso eine tolle Kombination, weil die Vögel die weltbesten Drohnenmaden-Vertilger sind. Die Maden fallen beim regelmäßigen Ausschneiden der Drohnenrähmchen (siehe Seite 116) in Mengen an; warum nicht sinnvoll als Hühnerfutter verwenden? Aber bitte entweder nur im geschlossenen Hühnerstall oder nur Drohnenmaden, die im Sonnenwachsschmelzer abgetötet wurden. Ganze Waben dürfen nicht frei ausgelegt und verfüttert werden!

Meerschweinchen und Bienen sind ziemlich kompatibel.

Meerschweinchen oder Kaninchen am Bienenstand

Meerschweinchen: perfekte Kombination, weil sie einfach die besten Rasenmäher sind. Sie werden nicht gestochen, halten aber den Rasen kurz, direkt bis an den Einflug zum Stock – eine prima Alternative zum Mäher. Die Tiere brauchen weder Benzin noch Akku und funktionieren verlässlich bei jedem Wetter. Fellfarbe egal.

Kaninchen: Siehe Meerschweinchen, aber aufpassen, wenn sie graben. Falls die Beuten untergraben werden, kann der Bienenstock absacken und vielleicht kippen.

Hausschweine/Minischweine am Bienenstand

Keine gute Idee, weil Schweine sich gerne mal das Hinterteil am Bienenstock scheuern, und da die Tiere sehr kräftig sind, können sie so ganze Beuten umwerfen. Anschließend würden sie übrigens alles auffressen: Bienen, Wachs und Honig, wie es eben echte Allesfresser so machen.

Pferde am Bienenstand

Das ist tatsächlich ebenfalls eine der wenigen ungünstigen Kombinationen. Pferde mögen die Bienen nicht und umgekehrt. Pferde reagieren in der Regel sehr nervös, wenn sie Bienen hören. Sie fangen an zu tänzeln und gehen gern mal durch. Bienenstände an Pferdekoppeln sind nicht schön, da direkt am Grenzbereich das Gras nicht gefressen wird, denn die Pferde halten Abstand. Honigbienen greifen Pferde direkt am Stock an, weil sie extrem riechen (ich sage extra nicht „stinken", sonst bekomme ich Ärger mit allen Pferdefreunden). Bienen hassen starke Gerüche, weil sie stets einen Bären als Verursacher vermuten. Wenn sich einige Meter zwischen Pferd und Bienenstock befinden (etwa 10–20 Meter), gibt es jedoch keine Probleme.

GEBALLTES WISSEN – IMKERVEREINE

Treten Sie möglichst einem Imkerverein bei. Dort sitzt das versammelte Wissen, das Sie wirklich gleich mehrfach in Ihrem ersten Imkerjahr benötigen werden.

Und seien Sie unbesorgt: In der Regel sind die meisten Vereine mittlerweile aus ihrem Dornröschenschlaf erwacht, haben einen hohen Frauenanteil und einen Altersdurchschnitt weit unter 75 plus.

Durch Ihre Mitgliedschaft in einem Imkerverein sind unter anderem auch Ihre Bienen gegen Vandalismus versichert. Sie könnten in einem solchen Fall Entschädigung beantragen. Außerdem bekommen Sie im Verein einen bienenkundigen Anwalt an Ihre Seite gestellt: sehr praktisch etwa, wenn es Klagen gegen stechende Bienen geben sollte.

Sollten Sie Pech mit dem ausgesuchten Verein haben, nicht verzweifeln, suchen Sie einen anderen auf. Sie dürfen nämlich unabhängig von der regionalen Zugehörigkeit den Verein wählen, in dem Sie sich am wohlsten fühlen.

In allen Imkervereinen gibt es regelmäßige Treffen, bei denen man sich wunderbar austauschen kann. Viele Vereine bieten zudem ein hochkarätiges Vortragsprogramm an, häufig auch Imker-Anfängerkurse. In einem Imkerverein sind Sie immer am Puls der Zeit, neue Erfindungen und Forschungen werden hier vorgestellt und diskutiert, genauso wie praktische Anleitungen am Bienenstand.

Imkervereine aus Ihrer Region finden Sie am besten im Internet oder in den zuständigen Landesverbänden. Generell sind Sie als Neuling sehr begehrt und werden mit offenen Armen empfangen. So lernt man sehr schnell Gleichgesinnte kennen, die mit ihren Bienen ganz in Ihrer Nähe sind.

BIENENPARADIES AUF ERDEN – OPTIMALER STANDPLATZ

Bienen brauchen ein Zuhause und eine Umgebung, wo sie sich pudelwohl fühlen – bieten Sie ihnen ein Paradies, und sie werden sich mit Honig revanchieren.

Für Bienen als Sonnenkinder sind feuchte und windige Plätze tabu. Wenn die Beuten zu feucht und dunkel stehen, beginnen oft im Inneren die Waben zu schimmeln, und im schlimmsten Fall erkranken die Völker. Bienen haben keine Heizung, sie müssen ihre Behausung selber klimatisieren. Wenn der Standplatz schlecht gewählt ist, haben die Bienenvölker keine Chance, groß und kräftig zu werden. Beobachten Sie Ihre Völker gut das ganze Jahr hindurch; wenn die Bienen sich nicht wohl an dem von Ihnen ausgesuchten Platz fühlen, ist es vielleicht sinnvoll, im Winter einen anderen Platz zu wählen.

Achtung!

Bitte die Bienen niemals während der aktiven Flugzeit auch nur um einen halben Meter verstellen: Sie würden ihre Beute nicht mehr finden. Sie haben sich punktgenau auf ihren Platz eingeflogen und können diese GPS-Daten erst wieder löschen, wenn sie 14 Tage lang nicht geflogen sind. Das wiederum gibt es nur bei langen Regenperioden oder im Winter, bei Temperaturen unter 10 °C.

Verlegen Sie Steinplatten für Ihren Bienenstand, sodass auch Sie zum Arbeiten gut und trocken hinter den Völkern stehen können. Unter und vor den Völkern sollten sich auch Platten befinden, denn so können Sie jederzeit Spuren lesen. Besorgen Sie sich Paletten, auf die Sie die Bienenkästen stellen können, oder bauen Sie sich einen Unterstand. Bienenkästen sollten nicht direkt auf dem Boden stehen, weil es dort viel zu feucht ist. Außerdem brauchen die Beuten eine Unterlüftung, da die meisten Beutenböden Bodengitter haben. Es ist auch sehr angenehm für den eigenen Rücken (siehe Seite 43), wenn die Beuten leicht erhöht (circa 20–30 Zentimeter hoch) stehen. Wenn Sie mit Holzbeuten imkern möchten, benötigen Sie einen regensicheren Unterstand. Holz arbeitet bei Feuchtigkeit und verzieht sich gerne. Kunststoffbeuten können Sie ungeschützt aufstellen, da sie absolut regendicht sind.

Ein Bienenstand mit Überdachung für Holzbeuten.

Wenn Sie Ihre Beuten in einem hügeligen Gebiet platzieren möchten, bitte nicht in Senken, da sich dort die Feuchtigkeit sammelt. Auch nicht auf freien Hügeln, da es dort unter Umständen zu windig ist. Bienen sind so klein und leicht, dass sie bei Wind nicht mehr zurück in ihre Beuten fliegen können. Schöne Stellplätze sind leicht beschattet und windgeschützt, unter Bäumen und neben Büschen. Bitte nicht unter Obstbäume oder Kastanien stellen: Wenn die Früchte reif sind, fallen sie herunter und knallen auf die Beuten. Die Bienen werden dadurch so stark gestört, dass sie erkranken können. Achten Sie bitte auch darauf, dass die Bienen an ihrem Standplatz Ruhe haben und nicht umgekippt werden können. In einem Garten, in dem Kinder Fußball spielen, ist es kontraproduktiv, die Bienen mitten auf die Wiese zu stellen. Gönnen Sie am besten jedem seinen eigenen Raum, den Bienen wie auch allen anderen. Wenn Sie Bienenbeuten auf Paletten platzieren, stellen Sie jedes Volk auf eine eigene. Warum? Bienen sind hochsensibel und Holz überträgt sehr gut Erschütterungen. Wenn Sie viele Beuten auf eine Palette stellen und beginnen, die Bienen zu bearbeiten, wird das erste Volk beim Öffnen noch gut drauf sein, ab Volk vier aber wird die Laune der Bienen stark ins Negative umschlagen. Das vierte Volk hat die Erschütterungen der zuvor durchgeführten Durchsichten live miterlebt und fühlt sich stark gestört. Das äußert sich dann gerne in Aggressivität und Stechlust.

PASSGENAUES ZUHAUSE – BEUTENMASS UND -FORM

Eine Beute ist eine Bienenbehausung, ein Beutenmaß gibt die Form und die Größe der Beute an. Ziel einer guten und vernünftigen Beutenform ist es einfach, den Bienen das Leben so angenehm wie möglich zu machen.

Beuten- und Rähmchenmaß

Imker in Vereinen reden sich gern um Kopf und Kragen, wenn es um das Thema Beutenmaß geht. Hier ist die Größe der Bienenbehausung und der darin befindlichen Rähmchen gemeint. In Rähmchen bauen die Bienen ihre Wachswaben. Leider gibt es weltweit so viele unterschiedliche Maße, dass es für Anfänger schier unmöglich erscheint, das richtige zu finden. Doch: Richtig ist, was regional bei Ihnen am meisten verwendet wird. Fragen Sie in Ihrem Verein nach. Bienen werden nicht in Plastikbeuteln verkauft, sondern auf Rähmchen. Und diese müssen kompatibel zu Ihrem Beutensystem sein.

Das häufigste Beutenmaß zum Beispiel im Norden Deutschlands ist „Deutsch Normal Maß“. Diese Beuten sind quadratisch, haben etwa 44×44 Zentimeter Flächenmaß und sind 25 Zentimeter hoch. In eine solche Beute werden zehn bis elf Rähmchen hineingehängt, die kompatibel zur Beute sein – also auch Deutsch Normal (DN) Maß besitzen – müssen. Das ist eine ganz wichtige Information:

Jedes Rähmchenmaß hat eine andere Größe: DNM Halb, DNM Normal, Kuntzsch breit, Zander, DN Anderthalb, Dadant (von vorn nach hinten).

Wenn Sie nämlich versuchen, Zander-Rähmchen in eine Dadant-Beute zu hängen, wird das nicht funktionieren. Also statten Sie vor Ihrem Bienen- und Beutenkauf unbedingt Ihrem Imkerverein einen Besuch ab und erfragen Sie das dort gängige Beutenmaß. Viele Imkeranfänger lassen sich auch gerne optisch von vermeintlich hübschen Beutenformen betören, die im Gebrauch aber sehr kompliziert zu beimkern sind. Eine dieser tollen Beutenformen ist der Weißenseifener Hängekorb (siehe Seite 60). Die Beute – in diesem Falle ein Korb – wird in einer Balkenkonstruktion hochgekurbelt, damit die Bienen von dort aus ihrer natürlichen Abflughöhe ausfliegen können. Zum Bearbeiten muss dieser Korb heruntergekurbelt werden. Allein das Herstellen der Balkenkonstruktion braucht sicherlich einige Tage bis Wochen.

Es gibt viele wunderbare Exoten, zum eigentlichen schlichten Imkern sind sie aber in der Regel kaum geeignet. Diese interessanten Beutentypen sind eher etwas für die alten Hasen mit vielen Jahren Imkererfahrung, die wissen, auf was es ankommt.

Wenn Sie das erste Mal ein Imkerfachgeschäft betreten, lassen Sie sich möglichst beraten und bitten Sie den Verkäufer zu kontrollieren, ob Ihre ausgewählten Artikel alle miteinander kompatibel sind.

Ich bin eine eindeutige Magazinbeuten-Befürworterin: für Anfänger optimal, einfach und sehr praktisch zu beimkern. Wenn Sie sich für andere, eher seltene Beutentypen entscheiden, versuchen Sie einen erfahrenen Imker zu finden, der auch mit diesen Beuten imkert und bereit ist, Sie zumindest im ersten Jahr zu unterstützen.

Beutenformen

Als Imkerneuling finden Sie sich auch in einem wahren Dschungel aus angebotenen Beutenformen wieder (siehe auch Seite 60, „Das kleine Beuten-Einmaleins"). Je nach ökologischer Ausrichtung gibt es Bienenboxen, angepasste Bruträume, Bienenkugeln, Magazinbeuten, Warré-Beuten und vieles mehr. Kein Anfänger kann sich hier auch nur annähernd zurechtfinden. Die meisten Imker-Einsteiger wählen einfach die Beutenform, die im Imkerkurs vorgestellt wird. So starten viele mit einem ungeliebten Beutensystem und bereuen es später, sich dafür entschieden zu haben. Auch der ökologische Gedanke spielt hier eine große Rolle. Die Entscheidung fällt nicht leicht. Ich empfehle in meinen Imkerkursen meist, zunächst das reguläre Imkern mit einer Magazinbeute zu erlernen. Wenn die Zusammenhänge klar geworden sind und mindestens ein bis zwei erfolgreiche Imkerjahre hinter dem Anfänger liegen, ist er in der Lage, wirklich zu wissen was er möchte. Jetzt kann er problemlos auf ein anderes Beutensystem umzusteigen.

Die Beutenformen sind weltweit unterschiedlich und länderspezifisch angepasst. In Afrika etwa werden gern lange Beuten, die sogenannten Trogbeuten, in Bäume gehängt. In Niedersachsen wurde jahrhundertelang in den Lüneburger Stülpern geimkert, Strohkörben, geflochten aus Roggenstroh. Die ersten Beuten in der Geschichte der Imkerei waren hohle Bäume, die von Zeidlern (den „Ur-Imkern") beimkert wurden. Dann hat der Mensch die hohlen Bäume abgesägt und sich in den Garten gestellt: Auf diese Weise entstanden die sogenannten Klotzbeuten. Um die Jahrhundertwende erst wurde eine

Die Klotzbeute – herausgemeißelt aus einem Baumstamm, dem ursprünglichen Wohnort der Honigbienen.

Leider ist auch die Imkerei der Mode unterworfen. Was in einem Jahr up to date war, ist im nächsten plötzlich out. Lassen Sie sich nicht verwirren, entscheiden Sie lieber selbst.

Beute mit beweglichen Rähmchen erfunden, die erste Magazinbeute. Ab da wurde Imkern erst für jedermann möglich. Die Beuten konnten auf dem eigenem Grundstück beimkert werden, ohne dass das Wabenwerk bei der Honigernte zerstört werden musste. Jetzt konnten eine große Anzahl von Bienenvölkern professionell gehalten werden. Heutzutage geht der Trend wieder in eine andere Richtung. Große Erwerbsimkereien sind selten geworden, es zählt unter den Imkerneulingen wieder eher der ökologische Gedanke. Man hält sich Bienen nicht wegen der Honigernte, sondern um ihnen ihr Überleben zu sichern. Alles hat seine Zeit – auch die Bienenhaltung verändert sich. Und nicht umsonst sagt man, dass Imkern das heutige Yoga sei.

Material: Holz- oder Kunststoffbeute?

Schlägt Ihr Herz für nachwachsende Rohstoffe oder sind Sie ein Kind der Neuzeit? Jetzt muss die Materialfrage geklärt werden.

Wer Beuten frei aufstellen möchte, also ohne Dach und Überbau, wird sich für Kunststoffbeuten (etwa aus Styropor) entscheiden. Kunststoffbeuten haben einen genialen Vorteil gegenüber Holzbeuten: Sie sind absolut wetter- und regenfest. Egal wo und wie man sie aufstellt, es kann nicht hineinregnen. Kunststoffbeuten sind dickwandiger als Holzbeuten und daher fast 10–15 Zentimeter breiter als Holzbeuten mit dem gleichen Innenmaß. Wer kurze Arme hat, kann mitunter Schwierigkeiten bekommen, die einzelnen Zargen sicher fassen zu können.

Es gibt aber auch andere Nachteile. Wachsmotten und Ameisen fressen gerne Gänge in die Innenwände der Beuten und legen dort ihre Brut ab. Diese Gänge müssen Sie im Auge behalten und notfalls mit Dichtungsmasse schließen.

Wachsmotten …

… sind nachtaktive Falter. Ganz oben auf ihrem Speiseplan stehen die Puppenhäutchen und das Wachs der Brutwaben. Sie können ausgezeichnet riechen und erschnüffeln sich die Bienenstöcke.

Im Falle einer Infektion mit der Amerikanischen Faulbrut (siehe Seite 85) müssen Sie jedes einzelne Beutenteil in Ätznatronlauge auskochen. Dazu werden sehr große Kochkessel benötigt. Ab und an, wenn die Bienen im Winter ihren Innenraum nicht gut klimatisieren konnten, gibt es zudem im Frühjahr schimmelige Randwaben, da Styropor keine Feuchtigkeit nach außen abgeben kann.

Letztlich bleibt Styropor ein Kunststoff, der nicht recyclebar ist und somit auch nicht nachhaltig. Eine weitere Überlegung, sich nicht für Styroporbeuten zu entscheiden, ist, dass Styropor sich elektrostatisch auflädt und Bienen diese Ladung durchaus spüren können.

Wer den ökologischen Gedanken ausleben möchte, wird selbstverständlich Beuten aus Holz bevorzugen. Fakt ist, dass Bio-Imkern nur mit Holzbeuten möglich ist. Auch eine Zertifizierung zur Bio-Imkerei ist nur mit Holzbeuten möglich. Holz ist ein natürlich nachwachsender Rohstoff. Und Holzbeuten können, richtig behandelt, ein ganzes Imkerleben halten. Außen können Sie sie zum Wetterschutz mit Bio-Lasur streichen, müssen es aber nicht. Das Einzige, was bei den Holzbeuten wirklich überlebenswichtig ist: eine regensichere Überdachung. Holz arbeitet bei Feuchtigkeit. Wenn Schlagregen die Beute trifft, wird sie sich verziehen, Spalten bilden und morsch werden.

In Bienenmuseen können Sie jedoch alte Holzbeuten betrachten, die mehr als 100 Jahre alt sind. Bienen haben ursprünglich im Wald in hohlen Bäumen gelebt, Holz und Biene sind untrennbar miteinander verbunden. Warum also sollten wir unseren Bienen nicht wenigstens ihr ursprüngliches Wohnmaterial zur Verfügung stellen? Heutzutage gibt es im Imkerfachhandel Holzbeuten aus

Holzbeuten in einem Unterstand, trocken von allen Seiten.

sehr leichtem Holz, sodass diese im Gewicht kaum von Styroporbeuten zu unterscheiden sind. Holzbeuten lassen sich auch sehr schnell und einfach durch Abflammen säubern oder desinfizieren. Hier wird kein Säurebad benötigt, auch nicht beim Ausbruch der Amerikanischen Faulbrut.

Fazit: Beide Materialien, Holz wie auch Styropor, sind für die Biene möglich. Das natürliche Habitat der Honigbiene ist und war aber der hohle Baum. Und sind wir mal ehrlich, wenn wir die Bienen befragen könnten, welches Material würden sie wohl wählen?

LEBENSWICHTIG UND UNENTBEHRLICH – WASSERSTELLE

Eine Wasserstelle in erreichbarer Nähe muss verlässlich vorhanden sein. Natürliche Wasserquellen wie Flüsse oder Bachläufe, in einer maximalen Entfernung von 50 Meter zum Stock, sind optimal. Notfalls: künstliche Wasserstellen schaffen und sicherstellen, dass in ihnen immer Wasser vorhanden ist.

Eine blühende Salweide, unverzichtbar für die Bienen im Frühling.

Bienen benötigen Wasser, um den Futterbrei für ihre Brut anzumischen, und im Sommer mehrere Liter Flüssigkeit pro Tag, um ihren Bienenstock kühlen zu können. Die Arbeiterinnen streichen dazu Wasser auf die Waben und fächeln dann mit den Flügeln. So verdunstet das Wasser und sorgt für Kühle im Stock.

Der Abstand Ihrer künstlichen Wasserstelle zum Bienenstand sollte mindestens 10–20 Meter betragen. Warum? Bienen koten direkt nach dem Abflug ab – wenn die Wasserquelle zu dicht am Stand steht, könnten die Bienen das Wasser verunreinigen. Ein anderer wichtiger Punkt sind Aufschwimmhilfen bei künstlichen Wasserquellen. Bienen sind absolute Nichtschwimmer, sie atmen mit dem Hinterleib. Fallen sie ins Wasser, ertrinken sie sofort. Aufschwimmhilfen sind beispielsweise Korken, Stroh, kleine Stöcke oder Holzstücke. In Vogeltränken können Sie auch Moos oder Steine legen. An einem Gartenteich landen die Bienen gern am Uferbereich und trinken dort; auch auf Seerosenblättern können sie sicher landen. Abgedeckt oder gesichert werden sollten Regentonnen und andere Regenwasserbehälter. Wenn Sie den Bienen keine Wasserflächen zur Verfügung stellen, suchen sich die Bienen ihre eigenen. Das kann mitunter auch der Swimmingpool vom Nachbarn sein – und das kann Ärger bedeuten. Also sorgen Sie lieber vor und installieren Sie eine eigene Wasserversorgung für Ihre Bienen.

Bitte darauf achten, dass die Wasserstellen immer gefüllt sind und niemals austrocknen! Die Bienen würden große Not leiden, weil sie sich dann erst auf die Suche begeben müssten, um neues Nass zu finden.

<— Bienen brauchen viel Wasser – am besten vom Gartenteich mit Uferzone.

Die Robinie ist eine wunderbare Trachtpflanze, leider sehr empfindlich gegen späte Bodenfröste im Frühling.

BLÜTEN IM ÜBERFLUSS – TRACHT

Ein nicht zu unterschätzender Blütenreichtum muss innerhalb des Flugradius der Honigbiene (drei Kilometer) gegeben sein. Also rauf aufs Rad und kontrollieren, was wo wann wächst und blüht!

Eine Honigbiene kann nur Honig produzieren, wenn Blüten im Überfluss vorhanden sind. Werden meine Bienen bei mir satt? Das ist eine der häufigsten Fragen, die mir in Imker-Anfängerkursen gestellt werden. Bienen brauchen viele Blüten, daher ist es auch wichtig, sich auf Bäume und nicht alleine auf einzelne Blüten zu konzentrieren. Ein Apfelbaum hat Tausende von Blüten, zwei bis drei Wochen lang. Eine Handvoll Tulpen sind viel zu wenig Futter für die Bienen. Nicht nur die Fülle muss stimmen, sondern auch die Abwechslung. Wer isst schon gern jeden Tag das Gleiche. Bienen, die viele verschiedene Blüten zur Verfügung haben, sind gesund. Im zeitigen Frühjahr brauchen die Bienen die Blüten, um ihr Volk wiederaufzubauen, danach, um Honig zu gewinnen. Im Herbst brauchen sie viel Tracht für das Winterfutter. All das muss in ihrem Flugradius von drei Kilometer erreichbar für sie sein. Achten Sie im Frühjahr auf Weiden: Das ist die erste wichtige Nahrung; doch auch Hasel und Frühblüher wie Krokusse und Schneeheide sind wichtig.

Ob Ihre Bienen satt werden, merken Sie schnell daran, was sie an Honig produzieren. Wenn es genug Blüten gibt, bekommen Sie garantiert reichlich Honig. Das macht nicht nur die Bienen froh, sondern auch den Imker.

Kornelkirsche und frühe Kirschen sind wunderbare Bienenblüten. Dann folgen alle Obstblüher, der Apfelbaum, spätere Kirschen, Beeren-, Wildobststräucher und der Raps. Mit Glück gibt es auch Kastanien und Robinien in der Nähe. Im Anschluss daran gibt es sehr häufig Trachtlücken, sodass sichergestellt werden muss, dass die Völker nicht hungern. Bei uns im Norden Deutschlands folgt dann mit der Lindenblüte der Sommerhonig. Nach dem Sommerhonig ist hier

Die Mispel, auch eine Bienentracht, ist eine alte Obstsorte aus Weinanbaugebieten.

Honigbienen lieben gelbe Blüten und besonders den Raps.

Schluss, die Bienen werden für den Winter eingefüttert. All das, was jetzt noch blüht, füllt keine Honigräume mehr. In Niedersachsen gibt es jetzt noch die Heide, in Bayern und Baden-Württemberg die Tanne, dann ist auch dort die Bienen-Saison vorbei.

Eine weitere wichtige Information zum Thema Blüten ist folgende: Blüten haben nicht immer Nektar im Angebot. Die Biene saugt die Blüte leer, und danach vergeht einiges an Zeit, bis der Nektar wieder nachgefüllt wird. Die Bienen wissen das und machen sich nur dann auf den Weg zu den Blüten, wenn diese Nektar im Angebot haben. Falls es sehr lang nicht geregnet hat, kann es vorkommen, dass die Blüten gar keinen Nektar produzieren. Regnet es wiederum zu viel, ist die Zuckerkonzentration im Nektar sehr niedrig; er wird von den Bienen dann ungern gesammelt. Sie sehen, es ist alles nicht ganz so einfach. Im Frühjahr kann es auch passieren, dass es während der Kirschblüte friert. Dann ist auch dieser Nektar unerreichbar für unsere Honigbienen, weil diese erst ab 10 °C überhaupt in der Lage sind, ihren Stock zu verlassen.

Wer imkert, ist mit der Nase immer sehr nah an der Natur!

REICH GEDECKTER TISCH – BIENENFREUNDLICHER GARTEN

Also: Bienen brauchen Blüten und Blumen brauchen Bienen. Die einen können nicht ohne die anderen. Wer mit dem Gedanken spielt, sich einen Honigbienen-Stock in den eigenen Garten zu stellen, sollte sich daher schon vorab Gedanken machen, wie er seine kleinen Lieblinge in Zukunft satt bekommt.

Bienen sammeln nicht nur Nektar, um Honig daraus zu machen, sondern auch Pollen, um durch diese eiweißreiche Nahrung selber satt zu werden und ihre Brut zu füttern. Und sie brauchen dafür nicht nur eine Unmenge an Blüten, es sollten auch noch viele verschiedene sein, die möglichst vom Frühling bis tief in den Herbst hinein blühen (siehe Seite 46). Im zeitigen Frühjahr benötigen die Bienen Nahrung, um ihr Volk neu aufzubauen, im Sommer, um Honig als Wintervorrat anzulegen, und im Herbst, um noch letzte Reserven sammeln zu können.

Jeder Imker wird automatisch zum Gärtner und ist von Stund auf an bemüht, seine kleinen Lieblinge satt zu bekommen. Besorgen Sie sich gute Pflanzenbücher und besuchen Biogärtnereien. Dort wird man Sie sicher gut beraten.

Von daher ist es sehr sinnvoll, den eigenen Garten einmal mit Bienenaugen zu betrachten. Blüht hier wirklich genug? Finden sich viele Frühblüher, sodass die Bienen im kalten Frühjahr, wenn sie noch nicht so weite Strecken fliegen können, auch satt werden? Gibt es zahlreiche Obstgehölze, Bäume und Büsche, die mit einer Vielzahl an Blüten aufwarten? Wie sieht es mit Herbstblühern aus, wachsen ausreichend Pollenpflanzen für den dringend benötigten Vorrat der Wintervölker?

Wenn nicht, dann ist jetzt der richtige Zeitpunkt, die Ärmel hochzukrempeln und den Garten in Angriff zu nehmen. Vermeiden Sie modische, gefüllte Blüten, denen der Nektar abgezüchtet wurde, und Blumen, die für Allergiker geeignet sind – sie haben keinen Pollen. Pflanzen Sie botanische Tulpen, das sind die ursprünglichen Wild-Arten, die sich wunderbar von alleine vermehren. Überall, wo ein bisschen Platz ist, setzen Sie Kräuter: gut für die Küche und für Ihre Bienen, weil sie viele Wochen durchblühen und dabei wunderbar duften. Ein Gaumenschmaus für Bienen und uns! Verzichten Sie auf alle Gartengifte, letztendlich können sie irgendwann als Rückstände in Ihrem Honig landen.

Wilde Beete: je abwechslungsreicher, desto gesünder für unsere Bienen.

Blüten für Bienen, wunderbar angelegt als Hochbeet.

Extratipp

Stellen Sie, wo niemand barfuß geht, den Rasenmäher höher, damit der Klee blühen kann, und mähen Sie nicht so oft. Bienen können mit Golfrasen nichts anfangen, weil sie hier keine Nahrung finden. Besser sind kunterbunt blühende Wildwiesen. Damit machen Sie Ihre Bienen nicht nur glücklich, sondern auch satt.

Ich führe jedes Jahr lange Gespräche mit Nachbarn, um sie aufzuklären und zu beraten, dass Gärtnern auch ohne Gift möglich ist. Wenn man die richtige Pflanzenauswahl trifft, helfen sich die Pflanzen mitunter sogar gegenseitig. Das ist kein Geheimnis und lässt sich in guten Gartenbüchern nachlesen (siehe Seite 156).

DAS LIEBE GELD – KOSTEN

Bienenhaltung ist kostspielig. Doch Imkern ist eines der wenigen Hobbys, mit denen man auf lange Sicht sogar Geld verdienen kann.

Rechnen Sie mit einem Startkapital von 2000 €. Bevor Sie jetzt ohnmächtig werden – die Startfinanzierung amortisiert sich in der Regel ab dem dritten Jahr. Wenn alles gut läuft, können Sie ab dann die Anschaffungskosten durch den Verkauf Ihres Honigs wieder hereinholen. Möglich und kostengünstiger ist es, mit gebrauchtem Material zu starten. Denken Sie aber bitte daran, dass aufgrund von Bienenseuchen jedes gebrauchte Stück vorher zwingend zu desinfizieren ist.

Heute entscheidet man sich meist sehr bewusst für das Hobby Imkerei. Oftmals heißt es zwar, dass Imker Stacheldraht in den Taschen hätten, weil sie so geizig wären. Bestätigen kann ich das aber nicht. In den ersten zwei Jahren ist es tatsächlich hart: Qualität hat ihren Preis, und Edelstahlgeräte für die Honigschleuderung sind wirklich sehr kostspielig, halten dafür aber ein Leben lang. Wenn Sie Qualität kaufen, werden Sie lange Freude daran haben; und viele Dinge lassen sich sogar selber bauen. Am Material zu sparen macht keinen Sinn. Schon ab dem dritten Imkerjahr können Sie sehr entspannt in einen Imkerfachhandel gehen, ohne etwas kaufen zu müssen: Man braucht irgendwann einfach nichts mehr. Ab jetzt wird nur noch aufgerüstet, vielleicht eine größere Schleuder? Kein Problem, die kleinere bekommen Sie sicherlich gut wieder verkauft.

RUHIGES, ENTSPANNTES ARBEITEN – IMKERSCHUTZKLEIDUNG

Besorgen Sie sich einen gut – nämlich ausreichend locker – sitzenden Imkerschutzanzug mit Hut und Handschuhen. Bienenstiche sind schmerzhaft und gerade am Anfang der eigenen Imkerkarriere oft unangenehm.

Ich rate jedem Anfänger, zu Beginn mit Vollschutz zu arbeiten. Bienenstiche sind schmerzhaft und machen nervös, besonders wenn man gerade die Wabe mit der Königin in der Hand hält. Da die Bienen beim Stechen ihr Leben verlieren, ist es sogar grob fahrlässig, sich stechen zu lassen. Im Imkeranzug haben Sie Ihren Bereich, die Bienen draußen den ihrigen. Unter diesen Voraussetzungen lässt sich sehr entspannt arbeiten. Nichts ist unangenehmer, als wenn einem eine Biene in die Hose krabbelt und nicht sofort, sondern erst sehr viel später sticht.

Starke Schwellungen nach Stichen sind nicht ungewöhnlich im ersten Jahr. Das Gute daran: Der Körper gewöhnt sich meist schon nach dem ersten Jahr an das Bienengift und immunisiert sich quasi ganz von selbst. Am Anfang mit Anzug zu imkern ist einfacher und lässt einen ruhiger an den Bienen arbeiten. Ohne sich ständig Sorgen zu machen, wie dick die Nase nach einem Stich denn dieses Mal wohl anschwellen wird … Wenn Sie lachen wollen, gehen Sie ins Internet, es ist voll von Bildern geschwollener Körperteile nach Bienenstichen.

Ich selbst arbeite mit einem Overall samt separat abnehmbarem Hut. Das ist sehr praktisch, wenn zwischendurch mal die Nase juckt oder das Handy klingelt. Der Overall wird mit einem Reißverschluss geschlossen und am Hals mit Klettverschluss gesichert. Die meisten Anzüge haben einen Wulstkragen, der den Hut sichert. Die Hosenbeine werden über Gummistiefel gestülpt – so kann auch von unten keine Biene hineinkrabbeln.

Imkerschutzkleidung für ungestörtes Arbeiten: Overall mit Hut und Gummistiefeln.

Bevorzugen Sie helle Farben bei der Auswahl Ihrer Schutzkleidung: Bienen mögen keine dunklen Farben.

Denn die meisten Menschen vergessen, dass Bienen auch gern zu Fuß auf dem Boden unterwegs sind. Der Anzug sollte zudem lange Ärmel haben, damit die Stulpen nicht aus den Handschuhen rutschen. Das ist der sensibelste Punkt: An Handgelenken wird gern gestochen, wenn die Handschuhe oder die Ärmel zu kurz sind. Der Anzug sollte sehr locker am Körper sitzen. Je lockerer, desto luftiger ist er. Wenn er sehr eng sitzt, fängt man leicht an zu schwitzen. Außerdem muss er auch im Winter getragen werden und da ist es gut, wenn der warme Pulli noch drunterpasst. Modische Aspekte sind hier fehl am Platz. Sie wollen mit dem Anzug ja schließlich nicht auf den Laufsteg, sondern zu Ihren Bienen, und denen ist es fast egal, wie Sie aussehen.

DURCHDACHTE JAHRESPLANUNG – URLAUBSVERTRETUNG

Im ersten Imkerjahr ist so viel zu tun, dass man schnell den Überblick verlieren kann. Wichtig zu wissen: Die Monate Mai und Juni sind die arbeitsintensivsten Zeiten in der Imkerei.

Im Mai fangen die Bienen an, sich explosionsartig zu vermehren. Die Königinnen legen dann um die 2000 Eier am Tag. Jetzt muss man auf die Volksstärke achten, Ableger bilden, Schwärme einfangen und den ersten Honig schleudern. Jetzt Urlaub zu machen, ist extrem ungünstig, es sei denn, Sie sind einem Imkerverein beigetreten und haben einen Kollegen gefunden, der Ihre Bienen in dieser Zeit mitbetreut. Generell arbeitet ein Imker von April bis August an den Völkern. Mit einigen wenigen Ausnahmen ist der Zeitraum von September bis März bienenfrei für Sie. Wenn Sie im Frühjahr Ihre Bienen im Stich lassen, schwärmen sie ab – und Sie können sich von dem Gedanken, Honig zu ernten, sehr schnell verabschieden. Das sind die Spielregeln der Bienen!

GEWICHTIGES HOBBY – IMKERN BRAUCHT KRAFT

Bienenhaltung kostet Kraft. Doch es gibt für alle Probleme in der Imkerei auch passende Lösungen. Wenn Sie ein halbes Portiönchen sind, nutzen Sie besser kleine Beutenmaße und Hebesysteme. Denn: Honigräume können locker mehr als 40 Kilogramm wiegen. Und Menschen ab einem bestimmten Alter leiden häufig an Rückenproblemen. Viele haben daher Bedenken, überhaupt mit dem Imkern zu beginnen. Man kann sich das Leben am Bienenstand jedoch sehr erleichtern, wenn man zum Beispiel mit Tischen arbeitet. Dort – statt auf dem Boden – können bequem die einzelnen Zargen abgestellt werden. Auch die richtige Hebetechnik lässt sich schnell erlernen. Wer große Gewichte nah am Körper trägt, bekommt keine Probleme mit dem Rücken. Zudem sollten Drehungen vermieden werden, wenn Zargen gehoben werden. In gutem Imkerkursen werden auch diese Probleme angesprochen und geübt.

Zum Beutentransportieren und -anheben gibt es mittlerweile gute Technik, die nicht unbezahlbar ist: So kann auch im hohen Alter gut weiter geimkert werden. Wer nicht schwer heben mag, arbeitet mit halben Honigräumen, die mit halben Rähmchen bestückt werden.

Eine andere Möglichkeit wäre es, das Heben komplett zu vermeiden, indem man eine Leerzarge auf den Tisch stellt und so Rähmchen für Rähmchen umhängt, ohne die ganzen Zargen stemmen zu müssen. Mehr dazu finden Sie im im Kapitel „Imkern: Die Praxis“ (siehe Seite 106).

Eine Hummel sammelt Nektar an der Ochsenzunge.

Die Praxis

Einkaufsliste – Alles für den Start

Um Bienen erfolgreich durchs Jahr zu begleiten und um Honig zu ernten, benötigt man einiges an Material und Ausrüstung. Ich rate Ihnen dringend davon ab, sofort in ein Geschäft für Imkerbedarf zu gehen. Sie werden dann vermutlich vieles kaufen, was Sie überhaupt nicht benötigen. Gehen Sie gucken, aber lassen Sie ihren Geldbeutel zu Hause.

Besuchen Sie zunächst einen Imker-Anfängerkurs und gehen Sie besser erst danach shoppen. Vielleicht haben Sie ja dann das große Glück, einen Imkerpaten zu finden, der Sie das erste Jahr über begleitet – er wird Ihnen eine Menge Tipps geben können. Die folgende Liste stellt einen groben Leitfaden da, um einen ersten Überblick zu bekommen, was wirklich notwendig ist.

BEUTEN

Kaufen Sie Magazinbeuten, am besten doppelt so viele, wie Sie Bienenvölker halten möchten. Wenn Sie mit zwei Völkern starten möchten, also vier Beuten. Warum? Sie benötigen im Laufe der Saison einzelne Teile der Beuten, zum Beispiel die Zargen, für den Honigraum oder die Extraböden, um Ableger zu ziehen (Erklärungen folgen im jeweiligen Kapitel, siehe Seiten 120 bis 123). Nichts ist komplizierter, als wenn in der Saison alle Beuten mit Schwärmen besetzt sind und einem so langsam das Beutenmaterial ausgeht.

Extratipp

Viele ältere Kollegen verkaufen gebrauchtes Material sehr günstig. Bitte aber alle gebrauchten Teile vor Benutzung desinfizieren, sie könnten Sporen der Amerikanischen Faulbrut enthalten (siehe Seite 85).

Jetzt müssen Sie sich auch entscheiden, welches Beutenmaterial Sie kaufen wollen: Holz oder Styropor (siehe Seite 42). Wer nachhaltig imkert und eines Tages Bio-Honig produzieren möchte, muss mit Holzbeuten imkern. Styropor ist hier verboten. Holzbeuten brauchen

Der Magazinboden (Hochboden) mit Bodengitter für die bessere Lüftung.

Eine Zarge sitzt auf dem Hochboden mit Bausperre.

Der Hochboden mit Holzbausperre, verhindert das Anbauen der Waben am Boden.

Eine Futterzarge zum Einfüttern mit Sirup und Aufsetzen auf die Beute.

einen regendichten Deckel oder einen Unterstand, damit das Holz nicht aufquillt. Richtig aufgestellt, können Holzbeuten sehr lange halten. Ein wichtiges Argument ist auch, dass sich Styroporbeuten statisch aufladen können und es viele Insekten gibt, die mit dieser Ladung nicht umgehen können. Außerdem – wer lebt schon gern in Plastik?

Eine Magazinbeute besteht aus Deckel, Zargen und einem Boden; wählen Sie hier den **Hochboden**, der unten eine Drahtgaze für bessere Lüftung besitzt.

In den Boden sollte eine Varroaschublade eingeschoben werden, die extra dazugekauft werden muss. Die angebotenen Komplett-Beuten bestehen meistens aus drei **Zargen**.

In der Saison werden aber meistens vier benötigt, also müssen Sie einzelne Zargen dazukaufen. Alternativ nehmen Sie zwei Komplett-Beuten pro Volk.

Exkurs: Kleines Beuten-Einmaleins

Eine Bienenbeute ist das Haus, die Wohnung der Honigbiene. Das ursprüngliche Habitat der Biene ist der hohle Baum. Seit den Anfängen der Imkerei hat jedes Land weltweit eigene Beutenformen entwickelt. So sind eine Vielzahl unterschiedlicher Varianten entstanden.

MAGAZINBEUTE

Die heute populärste Beutenform ist sicherlich die Magazinbeute. Bei ihr passt alles zueinander, wie bei einem Lego-Bausatz. Sie ist eckig und fasst etwa bei der Segeberger Beute elf Rähmchen in einer Zarge. Für Anfänger ist sie wegen ihres schlichten und logischen Aufbaus sehr einfach zu beimkern. In der Trachtzeit können Honigräume in beliebiger Anzahl aufgesetzt werden. Es gibt für dieses System sogar halbe Honigraummaße, sodass man nicht allzu schwer schleppen muss. Ich empfehle jedem Anfänger, mit einer Magazinbeute zu starten. Damit lässt sich das Imkern hervorragend lernen. Danach kann man selbst entscheiden, in welche Richtung man anschließend gehen möchte.

Übrigens

Auch vom **angepassten Brutraum** möchte ich im ersten Jahr abraten. Sie bestimmen bei dieser Betriebsweise, wie viel Platz die Bienen brauchen. Was sich einfach liest, stellt ein riesiges Problem für den Anfänger dar: Woher soll er wissen, wann die Bienen mehr Raum benötigen?

BIENENKUGEL

In der Bienenkugel wird mit runden Rähmchen geimkert. In diesem System lassen sich die runden Rähmchen einzeln ziehen. Aufgrund der fehlenden Ecken ist die Beute sehr trocken und Schimmel kann nicht entstehen. Außerdem hat die Bienenkugel einen geschlossenen Beutenboden, sodass sich ein Mikroklima bilden kann, in dem sogar der Bücherskorpion – ein für die Bienen nützlicher Symbiont –angesiedelt werden kann. Da der eckige Honigraum oben auf die geschlossene Kugel aufgesetzt wird, kann der Honig regulär geschleudert werden. Die Bienenkugel ist eine Beutenform für den ökologisch denkenden Imker, der nah an der Natur imkern möchte. Sie wird an vielen Schulen eingesetzt, weil man bei ihr nach dem Öffnen des Deckels einen wunderbaren Blick auf das ganze Volk werfen kann, ohne auch nur ein einziges Rähmchen ziehen zu müssen.

Die Bienenkugel – Imkern mit rundem Brutraum und flexiblen Rähmchen.

Die Bienenkiste ist keine Einsteigerbeute.

Magazinbeuten sind kompatibel in allen Teilen, alles passt aufeinander. ⟶

BIENENKISTE

In dieser werden die Bienen eher gehalten, als dass man mit ihr imkert. Die Bienen bauen hier Naturwaben, Rähmchen gibt es nicht, stattdessen nur Oberträger/Leisten. Waben können nicht gezogen werden, eine Einfütterung ist oft schwierig, da das Gewicht schlecht geschätzt werden kann. Zum Öffnen muss der lange und schwere Kasten hochgestellt werden – nichts für Leute mit Rückenschäden. Honig kann nicht geschleudert werden; es ist lediglich möglich, Tropfhonig zu ernten: Die Waben werden angeritzt und schräg auf ein Gefäß gelegt, damit der Honig heraustropft (eine mordsmäßige Sauerei …). Leider wird den Anfängern hier vorgegaukelt, dass man in Bienenkästen einfach Bienen halten könne, ohne Eingriffe tätigen zu müssen. Die Ernüchterung kommt meist im nächsten Frühjahr, wenn man plötzlich wieder bienenfrei ist …

Die Einraumbeute von Mellifera: alles auf einer Ebene und sehr rückenfreundlich.

Ein Bienenkorb in luftiger Höhe – der Weißenseifener Hängekorb. →

EINRAUMBEUTE

Einraumbeuten funktionieren wunderbar. Sie bestehen aus großen, langen Kästen mit Rähmchen. In ihnen wird meistens mit einem sogenannten Schied gearbeitet, der den Brutraum begrenzt. Der Honigraum befindet sich bei Einraumbeuten direkt im Anschluss an den Brutraum. Es werden keine Honigzargen aufgesetzt, somit ist dieses Beutensystem sehr rückenfreundlich.

WEISSENSEIFENER HÄNGEKORB

Wer es gerne kompliziert mag, der schafft sich solch einen Korb an. Der aus Roggenstroh geflochtene Korb hängt in etwa drei bis vier Meter Höhe in einem Holzgerüst. Im Korb selbst wiederum hängen halbrunde Oberträger. Zum Kontrollieren wird er an einem Flaschenzug heruntergekurbelt.

GOLZBEUTE

Eine sehr alte Beutenform: ein großer Holzkasten, der innen über zwei getrennte Abteilungen verfügt. Eine Seite ist der Brutraum, die andere der Honigraum. Beides wird mit Gittern voneinander abgetrennt. Arbeiten mit der Golzbeute gestaltet sich rückenfreundlich, weil nichts aufgesetzt, sondern auf nur einer Etage mit Rähmchen geimkert wird.

Ein Lüneburger Stülper, ein geflochtener Bienenkorb aus Roggenstroh.

BIENENKORB: LÜNEBURGER STÜLPER

Eine sehr alte Beutenform, von ökologisch angehauchten Imkern gern heute noch verwendet. Der Korb wird aus Roggenstroh geflochten und zur besseren Isolierung außen mit Kuhdung beschmiert, der „Maibutter" (fällt an, wenn die Kühe im Frühling das erste Mal auf die Weide gehen): Wirkt antiseptisch auf Bienenkörben und isoliert hervorragend! Die Bienen bauen im Inneren ohne Rähmchen Naturwaben. Wenn der Honig geerntet werden soll, müssen die Bienen herausgeschüttelt werden. Zum Ernten schneidet man die Waben heraus und zerstört sie. Die Betriebsweise unterscheidet sich sehr stark von der heutigen Magazin-Imkerei.

Fazit

Am einfachsten ist es, wenn Sie mit einer Magazinbeute starten. Hier können Sie Rähmchen ziehen und die Waben betrachten. Naturbau ist wundervoll – wenn Ihnen aber schon die erste gezogene Wabe herausreißt und mitsamt der ansitzenden Königin auf den Rasen klatscht, werden Sie sehr schnell überlegen, ob Imkern das richtige neue Hobby für Sie ist. Fangen Sie mit einfachsten Beutenformen an. Wenn Sie nach einem Jahr ein wenig Routine gewonnen haben, können Sie umrüsten. Eines der größten Probleme der Imkerei ist, dass so vieles möglich ist. Und genau das überfordert so manchen Anfänger. Wenn Sie mit einem Bio-Siegel imkern möchten, müssen Sie sich für Beuten aus Naturmaterialien entscheiden: aus Lehm, Stroh oder Holz.

Ein Rähmchen Deutsch Normal Maß mit Hoffmannseiten.

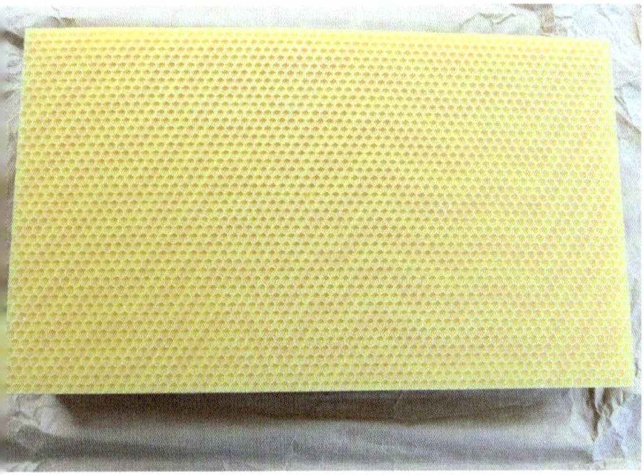

⟵ Eine Mittelwand besteht zu 100 % aus Bienenwachs.

Zu jeder Beute gehören noch ein **Deckel** sowie eine **Abdeckfolie**, die wiederum gesondert gekauft werden müssen. Die Abdeckfolie fungiert als eine Art Fensterscheibe, durch die man in die Beute gucken kann, ohne sie öffnen zu müssen – was sehr praktisch ist, vor allem für neugierige Imkeranfänger. Zudem verhindert sie, dass die Bienen die Waben am Deckel unlösbar festbauen.

Für den Boden benötigen Sie noch unbedingt eine sogenannte **Holzbausperre**, ein **Holzgitter**, das in den Boden eingelegt wird, um zu verhindern, dass die Bienen dort die Waben anbauen.

Für die Einfütterung im Herbst werden Futtergeschirre oder **Futterzargen** benötigt. Es gibt viele verschiedene Systeme; kaufen Sie am besten Futterzargen, die zur Beute passen.

RÄHMCHEN

Die Rähmchen müssen zur Beute passen. Erkundigen Sie sich bitte unbedingt vor dem Beutenkauf, welches Rähmchenmaß in Ihrer Region verbreitet ist. Bienen werden auf Waben verkauft, diese müssen Sie in Ihre Beuten hängen können.

Alles, was nicht passt und noch passend gemacht werden muss, führt zu fiesen, unbefriedigenden Bastel- und Pfuscharbeiten.

In jedes Beutensystem passen unterschiedlich viele Rähmchen hinein. Kommen Sie niemals auf die Idee, weniger hineinzuhängen, sonst verbauen Ihre Bienen Ihnen den Rest der Beute mit Wirr- und Naturwabenbau.

Wenn in eine Zarge elf Rähmchen hineinmüssen, brauchen Sie für zwei Brut- und zwei Honigräume schon 44 Stück, bei zwei Beuten sind es 88. Also kaufen Sie zum Anfang am besten eine ganze Verkaufseinheit (VE) oder mindestens 100 Stück – dies ist dann ein wenig günstiger und meist versandkostenfrei bestellbar. Bei der Drahtung bevorzuge ich persönlich die **Quer-Drahtung**; dann zieht sich der Oberträger nicht nach unten.

Wählen Sie unbedingt Edelstahldraht, da dieser unempfindlich gegen Säuren (Varroabehandlung) ist. Ein weiterer wichtiger Punkt beim Einkauf der Rähmchen ist es, die richtigen Seitenteile zu wählen, hier empfehle ich **Hoffmannseiten**. Sie sind oben breiter als unten, so hat man gleich den korrekten Wabenabstand. Böse Zungen nennen sie auch Bienenquetsche, das kann ich aber absolut nicht bestätigen. Wer ordentlich arbeitet, sollte damit keine Probleme bekommen.

MITTELWÄNDE

Die Mittelwände (so der Imker-Fachausdruck) sind mit Zellmuster geprägte Wachsplatten aus 100 % Bienenwachs. Imker löten sie mit Hilfe eines Trafos in die Rähmchen ein. Das erspart den Bienen einen Haufen Energie und Arbeit, was sich durchaus in der zu erntenden Honigmenge bemerkbar macht. Bienen brauchen diese Mittelwände nicht, sie können die Wachswaben auch selber bauen. Wer aber mit Mittelwänden arbeitet, hat in der Regel gleichmäßigere Waben, die besser zu ziehen sind.

Wer Mittelwände kauft, muss heute besonders auf die Qualität – nämlich pestizidarm – achten. Mit Bienenwachs wurde in den letzten Jahren verstärkt Schindluder getrieben: Teilweise wurde es mit giftigem Paraffin und mit Stearin gestreckt, was zum Absterben der Brut geführt hat. Also bitte nicht „billig“ einkaufen, sondern lieber mit Qualitätssiegel und Herkunftsangaben.

Zum Einlöten der Mittelwände benötigen Sie einen Trafo, zum Reparieren der Rähmchen Nägel und Edelstahldraht.

Ein Kilogramm Mittelwände – das entspricht, abhängig vom Beutenmaß, ca. 16 Stück – kosten mittlerweile um die 20 €,

Hier bitte unbedingt auf das Rähmchenmaß achten. Auch die Mittelwände müssen die passende Größe haben. Bei uns im Norden ist das häufigste Rähmchenmaß Deutsch Normal Maß, im Süden imkert man meist mit dem Dadant Maß.

Tendenz steigend. Da wir für eine Zarge elf Stück benötigen, macht es auch hier Sinn, sich zu bevorraten und einige Kilo mehr anzuschaffen. Wachs ist ohne Bedenken gut zu lagern, trocken, kühl, geruchsfrei und dunkel.

Der kluge Imker bereitet in der bienenfreien Zeit die Rähmchen für die nächste Saison vor, indem er im Winter die Mittelwände einlötet (siehe Seite 146).

IMKERWERKZEUG

Mit dem **Stockmeißel** – einem langen Metallspachtel – öffnen Sie die Beuten, lösen die Rähmchen und können Wachs überall dort abkratzen, wo es im Weg ist. Es gibt ihn in vielen verschiedenen Größen und Ausführungen. Ein Stockmeißel ist mit das wichtigste Werkzeug im Leben eines Imkers, er muss sicher in der Hand liegen und sollte scharfkantig sein. Es ist sinnvoll, ihn farbig zu lackieren: Wenn er ins Gras fällt – und das macht er öfters – wird er so von Ihnen und nicht vom Rasenmäher gefunden.

Das benötigte Imkerwerkzeug: Bienenbesen, Gänsefeder, Stockmeißel, Küchenmesser, Wabenheber (von links nach rechts). Dazu Feuerzeug oder Streichhölzer, Eierkarton und – Lesebrille …

Der **Wabenheber** ist der kleine Bruder des Stockmeißels. Bienen haben die – für sie lebenswichtige, für uns Imker unangenehme, weil arbeitsintensive – Eigenschaft, die Rähmchen im Bienenstock mit Propolis zu verkleben. Besonders im Frühjahr, bei der ersten Durchsicht, meint man, die Biester hätten Klebstoff benutzt. Hier leistet der Wabenheber großartige Dienste: Man hebelt mit ihm die einzelnen Waben heraus.

Den **Bienenbesen** benötigt man, um die Bienen zart von den Waben zu fegen, wenn man erkennen will, was auf der Wabe los ist. Bitte kaufen Sie einen hellen, die dunklen (sehen aus wie ein Bär) werden von den Bienen angegriffen! Es ist mir ein Rätsel, warum die überhaupt noch verkauft werden. Die Besen müssen regelmäßig mit kalten Wasser ausgespült werden, weil sie bei der Durchsicht stark verkleben.

Außerdem benötigen Sie noch ein kleines **Küchenmesser**, um Drohnenbrut auszuschneiden (siehe Seite 116). Zudem ein **Feuerzeug** (oder sogar mehrere, weil auch diese regelmäßig verkleben), damit Sie den Smoker anzünden können, und ein **Notizbuch**, um alle Eingriffe an den Völkern zu notieren (siehe Seite 94), damit Sie bei der nächsten Durchsicht das benötigte Material gleich mitnehmen – und es auch im zweiten Jahr etwas einfacher haben. Sie glauben gar nicht, was man sonst alles vergisst.

SMOKER

Smoker auf Deutsch heißt: Raucher. Ein Smoker besteht in der Regel aus einer kleinen, handlichen Edelstahltonne mit Brennkammer und Blasebalg.

Warum aber macht es überhaupt Sinn, die Bienen vollzuqualmen? Früher, als sie noch im Wald in hohlen Bäumen lebten und es womöglich einmal einen Blitzeinschlag im Baum gab, fing es an zu qualmen. Wenn aber Bienen Rauch riechen, fangen sie an ihre Koffer zu packen, um rasch fliehen zu können. Kofferpacken bei Bienen bedeutet, dass sie an die Honigvorräte gehen und so viel Honig aufsaugen wie irgendwie möglich. Mit diesem Honig sind sie im Falle einer Flucht gut gerüstet, um anderswo sofort neue Waben bauen zu können. Vollgefressene Bienen sind genauso friedlich wie jemand, der zu viel Mittagessen im Bauch hat: geradezu lammfromm und mit dem einzigen Wunsch, Mittagsruhe halten zu dürfen. Außerdem können Bienen mit Honig im Magen schlecht stechen, weil sie den Hinterleib nicht mehr zu krümmen vermögen. Mit dem Smoker gaukeln wir den Bienen einen Baumbrand vor: Die Bienen gehen an die Honigvorräte und sind danach sehr ruhig. Außerdem haben Wissenschaftler herausgefunden, dass wir mit Rauch sämtliche Konversationen der

Beim Smoker gilt: Größer ist hier die bessere Wahl.

Bienen unterbinden. Somit können sie auch nicht zum Angriff blasen. Bienen kommunizieren mithilfe von volkseigenen Duftstoffen, den Pheromonen. Wenn wir ihnen nun Qualm in die Beuten blasen, können sich die Bienen quasi nicht mehr unterhalten – so einfach ist das.

Gut gepflegt hält ein Smoker ein ganzes Imkerleben lang, und undichte Blasebälge kann man als Ersatzteile nachkaufen.

Wenn Sie sich einen Smoker kaufen, wählen Sie nicht eines der kleinen Modelle, sondern eines der großen. Warum? Anfänger brauchen viel Zeit für eine Durchsicht.

IMKERSCHUTZKLEIDUNG

Der Schutzanzug (siehe dazu auch Seite 51) muss waschbar sein, denn er wird sehr schnell verschmutzen und kleben. Wir Imker arbeiten mit einem Lebensmittel, da sind Hygiene und Arbeitsschutz sehr wichtig. Die meisten Imkerschutzanzüge sind aus festem Baumwollstoff, mittlerweile gibt es auch solche aus Kunstfasern. Probieren Sie einfach verschiedene an und nehmen Sie den, in dem Sie sich am wohlsten fühlen. Imkerjacken sind unpraktisch, weil sie beim Bücken gerne mal am Rücken hochrutschen. Imkerhüte sollten einen doppelten Drahtring als Abstandshalter besitzen. Es ist praktisch, wenn der Hut einzeln abnehmbar ist, falls das Handy klingelt, die Nase läuft etc. Bienen stechen übrigens auch durch Ihre Jeans, wenn Sie sich hinknien und die Biene vorher in Ihrer Kniekehle gelandet ist.

HANDSCHUHE

Bitte kaufen Sie keine Lederhandschuhe, denn damit zerquetschen Sie massenhaft Bienen, weil Sie kaum Gefühl in den Fingern haben. Leder ist zwar stichfest, aber auch viel zu dick. Kaufen Sie lieber Haushaltshandschuhe mit Baumwollgewebe im Inneren. Da sticht auch kein Insekt hindurch, und Sie fühlen, was Sie mit den Fingern machen. Positiver Nebeneffekt: Sie können diese Handschuhe wenden und lauwarm auswaschen. Denken Sie bitte immer an Hygiene beim Imkern, Sie produzieren ein unverfälschtes Naturlebensmittel! Ja, auch die Imkerkleidung gehört ab und an in die Waschmaschine.

SONNENWACHSSCHMELZER

Ein unverzichtbares Gerät für jede Imkerei. Der Sonnenwachsschmelzer wird benötigt, um alte Waben oder Drohnenwaben auszuschmelzen und so einen eigenen Wachskreislauf aufzubauen.

Er besteht aus einer großen Kiste mit einem dichtschließenden Deckel, in den eine Glas oder Kunststoffscheibe eingesetzt ist. In ihm befindet sich ein flächiges Edelstahlgitter und eine Metallform, in die das Wachs hineinfließt. Alte Waben werden in diesen Kasten hineingelegt. Dieser steht schräg auf einem Drehfuss und wird zur Sonne ausgerichtet. Die Sonne erzeugt so viel Hitze, dass das Wachs aus den Waben flüssig wird und durch das Gitter in die Schale läuft. Larvenhäutchen oder andere Verunreinigungen werden vom Gitter zurückgehalten. Die leeren Rähmchen müssen dann nur noch sauber gekratzt werden, anschließend in Lauge gespült, um sie so wieder einsatzfähig zu machen. Sonnenwachsschmelzer gibt es aus Holz oder Edelstahl in den unterschiedlichsten Größen, passend für jeden Geldbeutel.

Der Sonnenwachsschmelzer zum Ausschmelzen der Waben und ausgeschnittener Drohnenbrut.

Das Entdecklungsgeschirr aus Edelstahl, lebensmittelecht und leicht zu reinigen.

MATERIAL FÜR DIE HONIGERNTE

Die hier entstehenden – nicht unerheblichen – Kosten können Sie zumindest im ersten Jahr umgehen, indem Sie in einem Verein mitschleudern. Die meisten Vereine bieten diese Möglichkeit für Imkeranfänger an. Nutzen Sie die Angebote; so können Sie schon einmal Bekanntschaft mit der Schleuder machen und sich später leichter für Ihr Lieblingsmodell entscheiden.

Bevor Sie Honigwaben ausschleudern können, brauchen Sie ein **Entdecklungsgeschirr**, um die Wachsdeckelchen von den Honigwaben entfernen zu können.

Das Ganze besteht aus einer eckigen Kunststoffwanne, in der ein Edelstahlgitter hängt, und zwei Edelstahlschienen als Auflage für die Rähmchen. Es gibt die Geschirre in unterschiedlichen Ausführungen. Nehmen Sie lieber das Modell für eine Person: Die Schienen haben hier eine etwas angenehmere Kränkung, was das Entdeckeln ergonomischer macht.

Kaufen Sie bitte keine alten, gebrauchten Schleudern aus Weißblech. Dieses reagiert auf die Honigsäure und verändert den Geschmack sehr negativ – Weißblech hat in der modernen Imkerei nichts mehr verloren!

Zusätzlich brauchen Sie auch eine **Entdecklungsgabel**. Mit dieser fahren Sie auf der Wabenoberfläche schlittenartig herauf und greifen knapp unter die Wachsdeckelchen. So hebeln Sie diese ganz einfach ab und der Honig kann anschließend aus den nun geöffneten Zellen herausgeschleudert werden.

Die hochpreisigste Anschaffung im Segment des Honigs ist die Honigschleuder. Sie kostet als Vier-Waben-Handschleuder ab 600 €. Nehmen Sie kein Modell mit drei Waben; das wandert und hüpft, weil alle Honigwaben ein unterschiedliches Gewicht haben. Für die ersten Jahre brauchen Sie keinen Motoraufsatz. Schleudern ist kein Kraftakt, sondern hat ganz viel mit Gefühl zu tun, sonst produzieren Sie eine ganze Menge Wabenbruch. Ein bisschen Trimm-dich hat noch keinem geschadet und vier Waben

Der Honig ist abfüllreif, wenn er schimmert und sich beim Rühren in Lagen legt.

Honig wird in vorbereitete, saubere und fusselfreie Gläser abgefüllt.

sind innerhalb weniger Minuten ausgeschleudert. Motorschleudern brauchen Sie erst, wenn Sie mehr als 20 Völker besitzen. Übrigens lassen sich Handschleudern zur Motorschleuder umrüsten.

Der Honig, der aus der Schleuder herausläuft, fließt durch ein **Honigsieb** (Nylon, sehr engmaschig) in einen **Abfüller**. Dieser Abfüller ist ein Edelstahleimer mit einem Ablasshahn. Hier kann der Honig mit einem **Honigrührer** gerührt und, wenn er abfüllbereit ist, direkt aus dem Eimer in die Honiggläser gefüllt werden.

Sie können im Schnitt pro Volk und Jahr zwischen 25 und 50 Kilogramm Honig ernten. Deswegen sollten Sie sich frühzeitig um Honiggläser bemühen. Wenn Sie 50 Kilogramm Honig ernten, benötigen Sie 100 Gläser à 500 Gramm. Nichts ist ärgerlicher, als wenn man beim Abfüllen nicht genug Gläser hat.

REFRAKTOMETER

Das ist ein optisches Messgerät, um die Restfeuchtigkeit des Honigs zu testen. Wenn der Honig mehr als 20 % Restfeuchte besitzt, wird er unweigerlich spätestens zu Weihnachten in die Gärung übergehen. Testen Sie Ihre Honigwaben,

Da kiekste – ein Blick durchs Refraktometer gibt Aufschluss über Restfeuchtigkeit und Reife des Honigs.

bevor Sie sie entdeckeln. Profis erkennen den Feuchtigkeitsgrad daran, wie der Honig fließt – bis Sie soweit sind, nehmen Sie lieber ein Refraktometer zur Hilfe.

LAGERRAUM

Wenn Sie anfangen wollen zu imkern, brauchen Sie einen möglichst großen Lagerraum. Hervorragend, wenn er nicht nur **kühl** und trocken ist, sondern zudem noch dunkel, **geruchsneutral** und bienendicht. Dann ist er nämlich nicht nur perfekt zum Honiglagern, sondern auch zum Aufbewahren von Honigwaben und allen anderen Materialien geeignet. Kaum zu glauben, dass das Material für eine kleine Imkerei mit nur drei Bienenvölkern schon eine halbe Garage füllen kann. Die Honigschleuder möchte gut untergebracht werden, diverse Beutenteile, solange sie auf ihren Einsatz warten, Futteraufsätze, Mittelwände, Honiggläser und vieles mehr. Nichts ist schöner, als wenn das Material einen festen Platz hat, dann bringt das Arbeiten auch Spaß.

Bienenerzeugnisse

Jetzt wird es gesund und lecker. Nicht Honig allein macht die Biene glücklich, gesund und satt, auch Pollen, Propolis & Co sind unverzichtbar für sie.

HONIG

Die Sammlerinnen fliegen am Tag viele Hunderte von Blüten an und saugen aus deren Nektarien den Nektar. Dieser Nektar fließt durch die Futtersaftdrüse der Bienen und wird dort mit wichtigen Inhaltsstoffen versetzt. Anschließend gelangt er weiter in den Honig- oder Sozialmagen der Biene. Dieser ist das Transportgefäß. Ist der Honigmagen gefüllt, fliegt die Sammlerin nach Hause zurück. Gleich im Eingangsbereich wartet eine Kollegin auf sie und nimmt von ihr den Nektar entgegen, indem die eine Biene den Nektar abgibt und die abnehmende Biene den Nektar einsaugt. Diese Lagerarbeiterin bringt den Nektar dann zu den Honigzellen und lagert ihn dort ab.

Dadurch, dass der Nektar mehrfach eingesogen und wieder abgegeben wird, verliert er einiges an Feuchtigkeit. Um ihn haltbar zu machen, muss er aber noch weitere Feuchtigkeit abgeben. Dafür sorgt die Lagerarbeiterin, indem sie sich auf die offenen Honigzellen setzt und anfängt, mit den Flügeln zu fächeln. Erst wenn der Honig eine Restfeuchtigkeit von unter 20 % besitzt, wird er von den Arbeiterinnen mit Wachsdeckelchen – zur besseren Lagerfähigkeit – verschlossen.

Honig ist das lebenswichtige Futter der Bienen für den Winter. Imker sind aber keine Honigdiebe, die mit Absicht die Bienen ausbeuten. Es gibt einen Trick, sich nur so viel Honig zu nehmen, dass es den Bienen nicht schadet. Bienen sind unermüdlich, sie sammeln so viel

Alles Wichtige auf dem Etikett: Erzeuger, Füllmenge, Herkunft des Honigs, Honig„sorte“, MHD, Loskennzeichnung.

Extratipp

Geht man in der Honigzeit abends an die Bienenstöcke und hält die Hände vor das Flugloch, kann man die warme, feuchte Luft an den Händen spüren und die Bienen hören.

Auf den Beuten sitzen die Honigräume, je nach Stärke einer oder mehrere.

Nektar wie in ihren Stock passt. Also stellen die Imker in der Trachtzeit einfach weitere Zargen auf die Bruträume, die Honigräume.

Die Bienen bemerken den zusätzlichen Platz und sammeln einfach weiter, obwohl sie gar nicht wissen, wann sie genug hätten. Solange sie Raum zum Lagern haben, sammeln sie unermüdlich weiter. Wenn der Blütenreichtum vergangen ist, wartet der Imker noch rund 14 Tage mit der Ernte, damit die Bienen den Honig trocknen. Erst wenn die Waben zu zwei Dritteln verdeckelt sind, beginnt man mit der Honigernte.

Sortenhonig, Mischhonig, Honigtau-Honig

Eine der meistgestellten Fragen im Bereich Imkerei ist: Wie machen Bienen eigentlich reinen Sortenhonig? Die Antwort ist ganz einfach: indem sie nur Nektar von der betreffenden Pflanze sammeln. Wie aber soll das funktionieren, wenn die Bienen einen Flugradius von mindestens drei Kilometern haben? Sie könnten dann doch auch woanders hinfliegen. Das ist korrekt. Der Imker wendet, um beispielsweise reinen Rapshonig zu bekommen, einen ganz einfachen Trick an: Er „wandert den Raps an". Das bedeutet, dass er seine Bienenvölker genau an ein Rapsfeld stellt. Die Bienen fliegen sich dann auf den neuen Standort ein und sammeln umgehend direkt vor ihrer Haustür. Warum weiterfliegen, wenn das Gute so nah liegt? Nach dem Verblühen des Rapses bringt der Imker seine Bienen wieder nach Hause und schleudert den Honig. Um aber wirklich sicher zu sein, dass die Bienen ausschließlich Rapsnektar gesammelt haben, müsste der Honig im Labor analysiert werden. Sortenhonige dürfen nämlich nur nach Sorte deklariert werden, wenn sie mindestens 60 % der angegebenen Nektarsorte enthalten. Es ist tatsächlich strafbar, seinen Honig falsch auszuzeichnen: Das ist Etikettenschwindel und wird daher geahndet.

Geerntet werden nur die Waben aus den Honigräumen, niemals aus dem Brutraum! Der ist tabu für uns, er gehört ausschließlich den Bienen.

Alle anderen Honige mit ungewissen Nektarsorten werden als Mischhonige bezeichnet, wie etwa Frühjahrs- oder Sommertracht. Wer seine Bienen im eigenem Garten stehen hat, wird nur Mischhonige produzieren, niemals reine Sortenhonige.

Allerdings: Die Geschichte, dass Sortenhonige gesünder als Mischhonige wären, ist wirklich nur ein Märchen. Ich persönlich finde die Mischhonige sogar viel interessanter. Wie ein Jahrgangswein sind sie einmalig, da jedes Jahr andere Pflanzen zu unterschiedlichen Zeiten blühen.

Es gibt noch eine ganz große Besonderheit im Sektor Honig, den Honigtau-Honig. Was ist Honigtau? Jetzt wird es ein wenig speziell. Sie haben sicherlich irgendwann einmal Ihr Auto unter einer blühenden Linde geparkt und bemerkten später lauter klebrige Flecken auf dem Auto? Dabei handelt es sich nicht um Lindennektar, der heruntergetropft ist, sondern um die Ausscheidungen der Linden-Blattläuse: den Honigtau. Bevor Sie jetzt beschließen, nie wieder Lindenhonig zu essen, möchte ich Sie gerne aufklären. Die Läuse auf den Blättern beißen die Leitungsbahnen der Lindenblätter an und saugen den Pflanzensaft auf. Dieser Saft besteht zu großen Teilen aus Eiweiß, Zucker und vielen Mineralstoffen. Die Blattlaus benötigt nur das Eiweiß, alles andere – in der Hauptsache Zucker – scheidet sie aus. Da sie ein reiner Vegetarier ist und sich nicht von Fritten und Currywurst ernährt, ist das eine ganz saubere Sache. Die Bienen wiederum stehen total auf diese Zuckertropfen, sie saugen sie auf und bringen sie zum Stock zurück. Honigtau

Wer viele verschiedene Honige ernten möchte, kann zum Beispiel jedes Volk einzeln abernten. Tatsächlich fliegt jedes Volk woanders hin, das können Sie sehr gut am Einflug beobachten.

zu sammeln ist für sie sehr attraktiv, weil fast mühelos: kein langes Suchen und Saugen in engen Blütenkelchen, sondern direkt vom Blatt in den Mund. In den Jahren, in denen die Linden Läuse haben, ist Lindenhonig sehr dunkel wegen des mineralstoffreichen Honigtaus. Natürlich sammeln die Bienen auch gleichzeitig den Nektar der Lindenblüten, sie nehmen halt, typisch Biene, gleich alles mit. Genauso funktioniert auch Tannenhonig: Dort beißt die Blattlaus die Leitungsbahnen der Tannennadeln an. Die meisten Honigtau-Honige sind Spättrachthonige und eignen sich nicht, um die Bienen darauf überwintern zu lassen, weil sie viel zu mineralstoffreich sind. Wir Menschen jedoch können diesen sehr gesunden Honig fantastisch nutzen, denn nichts hilft besser gegen Erkältungen und Halsschmerzen. Honigtau-Honige sind Gesundbrunnen.

Tannenhonige sind übrigens sehr teuer, weil nur in rund jedem siebten Jahr genügend Läuse auf den Tannen sitzen.

POLLEN

Die Sammlerinnen haben, wenn sie ausfliegen, alle einen bestimmten Auftrag – je nachdem, was gerade im Stock benötigt wird. Wird Larvenfutter gebraucht, fliegen Sammlerinnen aus, um Pollen zu sammeln.

Im Stock sind etwa ein Kilogramm Pollen gelagert. Die Bienen müssen immer damit rechnen, dass es eine ganze Woche regnet; dann würden sie diese Pollenvorräte verbrauchen. Scheint anschließend wieder die Sonne, flögen sie sofort Pollen sammeln, um die Vorräte wieder aufzufüllen. Pollen ist lebenswichtiges Eiweißfutter für die Aufzucht der Brut und zur Selbstversorgung der Bienen. Da Honigbienen Vegetarier sind, holen sie sich das dringend benötigte Eiweiß aus dem Pollen. Für den Winter wird der frische Pollen fermentiert und so haltbar gemacht. Er wird mit Milchsäurebakterien versetzt und quasi wie Sauerkraut eingelagert. Das Produkt wird dann Perga oder auch Bienenbrot genannt.

PROPOLIS

Bienen sammeln nicht nur Nektar und Pollen, sondern auch ausgewähltes Knospen- und Baumharz von Pappeln, Ulmen, Kastanien usw. – dem Hauptbestandteil von Propolis. Die Bäume schützen ihre Knospen mit diesem hauchdünnen Harz-Überzug, um sie gegen Schimmel, Feuchtigkeit und diverse Krankheitserreger zu schützen.

Propolis, das von den Bienen gesammelte und aufbereitete Harz.

<— Eine Pollenwabe – schön bunt, weil die Bienen überall sammeln.

Propolis wirkt wie ein natürlich vorkommendes Antibiotikum. Bienen nutzen es als Hausapotheke.

Honigbienen bringen es überall innerhalb ihrer Beute auf, auch als Seuchenschutzteppich im Einflugbereich. Man sagt, dass ein Bienenstock innen reiner ist als ein OP-Saal. Bienen sammeln sehr gezielt die Harze für das Propolis an unterschiedlichen Bäumen, weil jede Zusammensetzung eine andere Wirkung zeigt. Daher wurden gegen Propolis bis heute keinerlei Resistenzen ausgebildet. In der heutigen Zeit besinnt sich der Mensch gerne auf alte Heilmethoden und beginnt, in der Apitherapie auch mit Propolisprodukten zu arbeiten. Viele Imker stellen sich eigene Propolislösungen her und nutzen diese zur Vorbeugung gegen Krankheiten und zum Herstellen von Cremes und Salben. Die Wirksamkeit von Propolis wurde schon von den alten Griechen und Ägyptern geschätzt und auch von der heutigen Wissenschaft belegt.

GELÉE ROYALE

Das ist der Futtersaft der Königinnen. Da Gelée royale äußerst schwierig und nur in minimalen Mengen zu ernten ist, wird es sehr hochpreisig gehandelt. Wer es probieren möchte, kann es mit einem kleinen Pinsel aus den Zellen nehmen.

Gelée royale findet man ausschließlich in den Brutzellen, in den Arbeiterinnenzellen, bei den Drohnen und auch in den Nachschaffungs- oder Schwarmzellen. Wobei: Die Königin bekommt die größte Portion. Wer als Biene vom ersten Tag an (als Made) bis zum Ende (als erwachsene Biene) ausschließlich mit diesem königlichem Futtersaft gefüttert wird, wird automatisch Königin. Für alle anderen gilt: In dem Moment, in dem die kleinen Maden schlüpfen, werden sie von den Arbeiterinnen für nur genau drei Tage mit Gélee royale gefüttert. Der Imker nennt es auch Futtersaft: eine weißliche, dickliche, durchscheinende Substanz. Da die kleinen Maden bis zu 200-mal am Tag damit gefüttert werden, schwimmen sie geradezu darin.

Es gibt Imker, die professionell Gelée royale in den Bienenstöcken ernten. Sie betreiben Königinnenzucht, entfernen die Maden aus den Zellen und saugen dann das Gelée heraus. Man kann sich gut vorstellen, dass die Erträge nur minimal sind, daher auch der exorbitante Preis. Gelée royale wird stark in der Kosmetikindustrie verarbeitet, da es das ewige Leben verspricht, zumindest im Zusammenhang mit Bienen … Es gilt als hauterneuernd und -straffend, außerdem enthält es viele wichtige Spurenelemente und Vitamine: so eine Art Astronautenfutter. Und trotzdem ist der Geschmack gewöhnungsbedürftig. Die Zunge wird stumpf und die Mundschleimhäute (und die Löcher in den Socken) ziehen sich zusammen, da es stark adstringierend wirkt. Wer‘s mag …

Eine geöffnete Weiselzelle mit Gelée royale, in dem die Made schwimmt.

BIENENGIFT

Ja, Sie haben richtig gelesen: Bienengift wird in der heutigen Medizin angewendet, etwa bei entzündlichen Gelenkerkrankungen.

Manch ein Imker lässt sich bei Verspannungen gezielt in den Nacken stechen. Bienengift fördert die Durchblutung im Gewebe und erwärmt es. Der Volksglaube sagt, dass Imker kein Rheuma bekommen, weil sie regelmäßig gestochen werden. Um Bienengift ernten zu können, befestigt man elektrisch geladene Platten am Einflug. Die Bienen landen da, bekommen einen kleinen Stromimpuls, stechen reflexartig in die Glasplatte. Der Gifttropfen trocknet dort ein und wird anschließend abgeschabt. Man kann nicht nur mit Honig Geld verdienen …

Exkurs: Bienenstiche

Dass Bienen stechen, weiß jedes Kind. Welche Folgen ein Stich haben kann und welche Mittel dagegen wirklich helfen, verrate ich Ihnen hier.

Warum stechen Bienen überhaupt? Bienen stechen nur dann, wenn sie bedroht werden. Mitunter opfern sie sich auch für ihr Volk. Die meisten Stiche kassiert man, wenn man aussieht und riecht wie ein Bär – der Urfeind der Bienen. Als die Bienen noch in hohlen Bäumen im Wald gelebt haben, hat der Braunbär gern die Völker geplündert. Die einzige empfindliche Stelle am Körper eines Bärens ist die Nase, und genau dort haben die Bienen bevorzugt zugestochen.

Noch heute visieren Bienen, wenn sie schlecht gelaunt sind, unsere Nase – und die Augen – an, weil sie wissen: Da tut es uns besonders weh. Was die Bienen dabei immer vergessen: Sie sterben, wenn sie einen Warmblüter stechen. Wir besitzen Haut, die den Bienenstachel festhält. Sticht uns die Biene, versucht sie danach, ihren mit Widerhaken besetzten Stachel herauszuziehen. Das Einzige was sie jedoch damit erreicht, ist, dass sich die Widerhaken in unserer Haut aufstellen wie ein aufgeklappter Regenschirm. Somit reißt der gesamte Stachelapparat mit ansitzender Muskulatur und Giftblase heraus. Die Biene stirbt daran. Der Stachel bleibt in unserer Haut stecken und der Muskel des Stachelapparats pumpt weiter das Bienengift in uns hinein, bis die Giftblase geleert ist. Auch nach ihrem Tod will die Biene uns noch nachhaltig schädigen.

Daher gilt bei einem Bienenstich als Sofortmaßnahme stets: so schnell wie möglich den

Gut gegen Stiche aller Art: die Spitzwegerich-Tinktur.

Stachel entfernen. Aber bitte nicht mit einer Pinzette, die würde die Giftblase ausdrücken – mit dem Daumennagel herausstreichen ist die bessere Alternative. Da die Biene zudem ihren Stich mit einem Angriffspheromon markiert, ist es wichtig, diesen Geruch sofort zu überdecken. Denn: Der Duftstoff animiert die anderen Bienen, ebenfalls zuzustechen. Daher Gras darüberreiben, Spucke drauf oder smokern. Wenn wir das nicht beachten, würden die nächsten Bienen versuchen, genau an der gleichen Stelle nochmals zuzustechen. Gut ist es auch, den Ort ein paar Schritte weit zu verlassen; offenbar gab es in dem Bereich ja irgendwelche Probleme vonseiten der Bienen.

Schwellungen an der Einstichstelle sind übrigens keine Bienengiftallergien, sondern normale Stichreaktionen! Grundsätzlich gilt, dass ein gesunder Mensch mehrere Hundert Bienenstiche gleichzeitig gut vertragen kann.

Spitzwegerich-Tinktur bei Insektenstichen

Sehr praktisch und effektiv zur Behandlung von Insektenstichen aller Art, funktioniert auch bei Mückenstichen!

Man nehme:

- 1 verschließbare Weithals-Glasflasche (250 ml)
- 1 Handvoll frisch gepflückte Spitzwegerichblätter
- 250 ml 70%igen Trinkalkohol (aus der Apotheke)
- kleine Tropffläschchen (aus der Apotheke)

Die frischen Spitzwegerichblätter werden mit einem kleinen Küchenmesser in dünne Streifen geschnitten oder von Hand kleingezupft. Dann in die Glasflasche geben und mit Alkohol auffüllen. Verschließen, für drei Wochen auf die Fensterbank stellen. Regelmäßig schütteln. Danach über einen Papierkaffeefilter abseihen und in kleine Tropffläschchen füllen.
Diese Tropffläschchen immer an Mann/Frau haben, wenn man an seine Bienen geht. Nach einem Stich regelmäßig (so oft man mag) ein paar Tropfen aufträufeln. Der Alkohol verdunstet und kühlt, der Spitzwegerichauszug minimiert die Schwellung, nimmt den Juckreiz und überdeckt zudem das Angriffspheromon der Bienen.

Um die Schwellung, die nach dem Stich entstehen wird, möglichst gering zu halten, kann man z. B. die Stelle kühlen oder Spitzwegerich-Tinktur aufträufeln. Das ist ein altes Hausmittel gegen Insektenstiche – lässt sich wunderbar selbst ansetzen mit frischem Grün vom Spitzwegerich und 70%igem Alkohol.

Leider sind die Schwellungen im ersten Imkerjahr teilweise sehr massiv, bis Ihr Körper sich an das Bienengift gewöhnt hat. Wenn eine Biene Sie im Gesicht erwischt hat, helfen auch Quarkauflagen sehr gut. Manch einer bekommt dicke Beulen, ein andere nur einen roten Fleck. Lassen Sie sich überraschen, was Ihr Körper für Sie so alles bereithält.

Eine echte Bienengiftallergie zeigt sich innerhalb von wenigen Minuten nach einem Stich mit massiven Kreislaufproblemen, Flecken am ganzen Körper, Übelkeit, Schwellungen der Schleimhäute etc. und ist unbehandelt lebensgefährlich! Daher empfehle ich, immer ein aufgeladenes Handy mit an den Bienenstand zu nehmen, damit im Notfall sofort Hilfe geholt werden kann.

Wichtige Bienenkrankheiten

Bevor wir uns mit den Bienenkrankheiten auseinandersetzen, müssen wir erst einmal wissen, was ein gesundes Volk auszeichnet – erfahren Sie, wie Ihnen der Blick auf den Einflugbereich (siehe auch Seite 81), die Stärke des Bienenfluges und sogar der Geruch im Volk bei der Beurteilung helfen können.

Als Erstes betrachten wir den Einflugbereich des Bienenvolkes: Ist dieser sauber oder mit Kotspritzern überzogen? Liegen vor dem Flugbrett viele tote Bienen oder verkrüppelte ohne Flügel? Das alles können Hinweise auf eine Erkrankung sein. Sprich: Ein gesundes Volk hat einen sauberen Einflugbereich und keine fehlgebildeten oder extrem viele tote Bienen davor auf dem Boden liegen (einige liegen immer dort, es handelt sich dabei um den sogenannten natürlichen Totenfall).

Gesunde Bienen fliegen ab 10 °C aus der Beute, ab 12 °C je nach Tracht auch sehr stark – das ist ein sicheres Zeichen für kräftige Völker. Wenn ich ein gesundes Volk öffne, riecht es sehr angenehm nach warmem Honig. Falls es unangenehm und säuerlich riecht, kann das Volk erkrankt sein. Daher ist es immer sehr gut, mit zwei Völkern zu starten, weil man dann Vergleichsmöglichkeiten hat. Ein agiles Volk ist stark, hat viele Bienen und passend zur Jahreszeit ein großes Brutnest. Befinden sich auf einer Brutwabe nur wenige Brutzellen mit eingefallenen Deckeln, stimmt wohl etwas nicht. Hören Sie auf Ihr Bauchgefühl, und wenn Ihnen irgendetwas auffällt, was Ihnen nicht richtig erscheint, bitten Sie den Gesundheitsobmann Ihres Vereines, mal einen Blick in Ihr Volk zu werfen. Im Zweifelsfall auch gerne eine Futterkranzprobe (siehe Seite 111) ziehen und zur Analyse auf Amerikanische Faulbrut (siehe Seite 85) an ein Labor schicken.

Viele Krankheiten sind für ein ungeübtes Auge nicht zu erkennen, teilweise sind sie bereits ausgebrochen, aber noch nicht als klinisches Schadbild sichtbar. Allgemein gilt: Wenn sich ein Volk nicht der Jahreszeit gemäß vergrößert, wenig Brut vorhanden ist und diese anders aussieht als sonst, holen Sie sich bitte Rat bei jemandem, der etwas davon versteht. Aufgrund des Lebensmittelschutzgesetzes und der Deutschen Honigverordnung dürfen wir Imker unsere Bienen – anders als in nicht-europäischen Staaten – nicht mit Medikamenten behandeln,

Hier am Flugloch kann man viel entdecken – setzen Sie sich doch einfach mal daneben und beobachten.

da dann Rückstände im Honig zu befürchten wären. Wir müssen uns daher anders behelfen. So versuchen wir dem Volk bei der Gesundung zu helfen, indem wir es korrekt füttern, Räume verkleinern, damit die Bienen wärmer wohnen, alte Waben (30 % pro Jahr) austauschen und den Völkern die richtigen Standplätze geben.

Bienengesundheit ist unmittelbar mit der richtigen Betriebsweise, Tracht und Witterung verbunden!

Wenn Ihnen die Gesundheit Ihrer Bienen am Herzen liegt, sollten Sie zwingend Kurse zu diesem Thema in Ihren Landesverbänden besuchen. Fortbildung ist auch im Imkerleben nicht nur sinnvoll, sondern notwendig. So wie die Corona-Pandemie dem Menschen das Leben schwer gemacht hat, gibt es leider immer wieder neue Krankheiten im Sektor Biene, die durch die weltweite Reiselust des Menschen eingeschleppt werden und so die Bienen und uns Imker vor immer neue Herausforderungen stellen.

Falls ich Sie mit dieser Einleitung zum Thema Krankheiten schon jetzt verschreckt habe, bitte ich um Entschuldigung. Aber ich kann Ihnen versprechen, dass all diese Krankheiten handhabbar sind, manche einfacher, andere schwieriger. Trotz allem ist auch heute noch das Imkern mit gesunden Bienen möglich, solange auf der anderen Seite ein gut informierter und ausgebildeter Imker steht: der Wächter über seine Bienen. Die Biene beschenkt uns mit Honig und wir passen dafür gut auf sie auf, so ist der Deal!

Diese typischen Krankheiten der Bienen sollte jeder Imker kennen:

MAIKRANKHEIT

Eine harmlose Verstopfung. Die Bienen können aufgrund ungünstiger Witterung nicht ausfliegen. Da gerade im Frühjahr viel Nahrung aufgenommen und wieder abgeführt werden muss, vermag das Wetter alles durcheinanderzubringen.

Kann die Biene nicht ausfliegen und abkoten, sammelt sich alles in ihrem Hinterleib. Sobald dann der erste Sonnenstrahl erscheint und Flugtemperaturen herrschen, fliegen alle aus und erleichtern sich. Das sind eindrucksvolle Portionen, die da ausgeschieden werden. Die erleichterten Bienen scheinen sich danach unglaublich wohl zu fühlen. Wenn Bienen längere Zeit nicht ausfliegen können, fehlt ihnen zudem Wasser, was die Sache nicht besser macht. Dann hilft es, vorsichtig lauwarme Zuckerlösung mit einem Blumensprüher nebelfeucht in die Beute zu geben. Ansonsten einfach abwarten, bis die Bienen wieder fliegen können, dann gesunden sie automatisch von ganz allein. Diese Verstopfung heißt Maikrankheit, weil sie gerade dann auftritt, wenn es – wie oft im Monat Mai – plötzlich wieder sehr kalt wird.

Allgemein macht sich der Imkeranfänger sowieso zu viel Gedanken, da tut es gut, Verantwortung auch mal abgeben zu können. Scheuen Sie sich nicht, Hilfe anzunehmen.

DURCHFALL

Das ist sozusagen genau das Gegenteil von der Maikrankheit. Hier können die Bienen den Kot nicht mehr halten und kleckern alles voll.

Es gibt mehrere Krankheiten, deren Krankheitsbild der Durchfall ist. Der Neuimker wird eine Nosema nicht von einer Ruhr unterscheiden können, daher verzichte ich auf spezielle Hinweise. Durchfallerkrankungen sind gefährlich und können ein ganzes Volk zum Absterben bringen. Ansteckend für den Menschen sind sie aber nicht. Wenn Ihr Volk starken Durchfall hat, bitten Sie unbedingt

Diese Wabe wurde bekotet, sie muss zwingend aus dem Volk entfernt werden.

einen kundigen Imker, vorbeizukommen und nach Ihren Völkern zu gucken. Er kann beurteilen, ob die Völker rettbar sind oder nicht.

Durchfall erkennen Sie in der Regel schon außen an den Beuten, ohne sie geöffnet zu haben. Überall am Einflugbereich sind Kotspritzer zu sehen (nicht zu verwechseln mit dem Reinigungsflug (siehe Seite 108). Beim Öffnen der Beute kommt Ihnen ein unangenehmer Geruch entgegen. Oben auf dem Oberträger und beim Ziehen der einzelnen Waben erkennen Sie, dass auch diese mit Kotspritzern bekleckert sind. Das kann bei der ersten Durchsicht im zeitigen Frühjahr passieren. Was ist geschehen? Die Bienen sind entweder falsch eingefüttert worden mit dem falschen Futter (Spättracht-Honige mit zu hohem Mineralstoffanteil) oder sie wurden im Winter massiv gestört. Abhilfe: so schnell wie möglich alle bekleckerten Waben austauschen, füttern und möglichst wenig Raum geben, damit die Bienen warm sitzen. Wenn Sie Glück haben und Flugwetter mit viel Tracht herrscht, gesundet Ihr Volk. Wenn es in diesem desaströsem Zustand aus dem Winter gekommen und viel zu klein ist (nur noch eine Handvoll Bienen), sollten Sie abgeschwefelt werden, damit sich Ihre anderen Völker und die der in der Nähe imkernden Kollegen nicht anstecken. Bitte machen Sie dies niemals allein, holen Sie sich unbedingt einen Gesundheitsobmann. Er wird die Situation richtig einschätzen und Sie unterstützen.

KALKBRUT

Die Kalkbrut ist mitunter eine Faktorenkrankheit, das bedeutet: Wenn die äußeren Lebensumstände der Bienen geändert werden, gesunden die Völker von allein.

Die Kalkbrut hängt unmittelbar mit der Königin zusammen: Es gibt Weiseln, die anfällig für diese Krankheit sind. Das heißt, dass die Völker mit Kalkbrut umgeweiselt werden sollten. Die Königin wird aus dem Volk genommen und eine neue zugesetzt, damit die Bienen sich keine aus den Stiften – den Eiern – nachziehen und diese neue Königin die gleichen für Kalkbrut anfälligen Gene besitzen würde.

Wie stellt sich die Kalkbrut dar, wie erkenne ich sie? Kalkbrut entsteht durch einen Pilz. Dieser Pilz befällt die Brut, keimt dort aus und verwandelt die Larve

Kalkbrutmumien findet man auf dem Bodengitter.

in ein hartes weißes Korn. Wenn man die befallene Brutwabe schüttelt, klackert es. Die Bienen öffnen diese infizierten Brutzellen und werfen die mumifizierten Maden aus dem Stock. Man findet sie auf den Bodenbrettern: Sie sind hart und trocken und sehen aus wie sehr große, dicke Reiskörner. Die Bienen, die diese Zellen geöffnet haben, nehmen dabei die Pilzsporen auf und verteilen sie so im ganzen Volk. Bei den regelmäßigen Durchsichten fällt diese Krankheit sofort ins Auge. Die Kalkbrut tritt gerne und massiv auf, wenn es sehr lange Zeit sehr feucht war und die Bienen nicht ausfliegen konnten. Zu Ihrer Beruhigung: Es gibt sehr viele Imker, die in ihrem ganzen Imkerleben noch nie Kalkbrut in ihren Völkern hatten.

AMERIKANISCHE FAULBRUT (AFB)

Diese bakterielle Krankheit ist gefährlich und weltweit nicht in den Griff zu bekommen. Warum? Weil infizierte Völker durch den großen Flugradius sehr schnell andere Völker anstecken können.

Die Amerikanische Faulbrut ist für uns Menschen völlig ungefährlich; wir dürfen sogar unseren ausgeschleuderten Honig von erkrankten Völkern essen und verkaufen.

Wenn Sie eine Imkerfachzeitung abonniert haben, finden Sie dort eine Seite extra für die Faulbrut-Sperrbezirke. In diesen herrschen besondere Bedingungen. Hier dürfen Bienen nicht verstellt, weder ein- noch abgewandert werden. Die Sperrzonen bestehen im Schnitt mindestens ein halbes Jahr. Das kann wahnsinnig schwierig für unsere Bienen sein: Wenn Sie etwa Ihre Völker an ein Rapsfeld gestellt haben und in dieser Region ein Sperrgebiet errichtet worden ist, dürfen Sie auch nach der Rapsblüte die Bienen von dort nicht wegholen. Wenn aber außer dem Raps dort nichts mehr blüht, müssen Sie unter Umständen die Bienen sogar füttern, weil sie sonst verhungern würden.

Was ist Amerikanische Faulbrut, wie erkenne ich sie und wie kann ich meine Bienen davor schützen? Die AFB entsteht durch Sporen. Bienen verteilen durch ihren Putztrieb diese Sporen im Volk, füttern dann die Maden mit infiziertem Futter, das ihr Absterben auslöst. Der erwachsenen Biene dagegen kann diese Krankheit nichts anhaben, es ist eine klassische Brutkrankheit. Guido Eich, der Sachverständige des Bieneninstitutes Celle (ein Bienengott!), sagt Folgendes: Wenn in den Brutzellen nichts ist, dem man einen Namen geben könnte, dann ist es Faulbrut. Die infizierte Made zerfällt und übrig bleibt nur eine fadenziehende Masse ähnlich wie Klebstoff aus der Tube. Steckt man in diese Masse ein Streichholz und zieht es aus der Zelle heraus, entsteht ein Faden, der dann abreißt.

Wenn diese Masse eintrocknet, verbleibt eine Art Schorf am Boden der Zelle. Dieser Schorf besteht aus bakteriellen Sporen und ist hochinfektiös. Das Volk riecht süßlich nach Schokolade oder wie eine Kaffeerösterei. So zeigt sich das klinische Bild der Krankheit, wenn sie ausgebrochen ist. Die AFB ist aber schon lange vorher aktiv, man sieht sie nur nicht. Wie kann ich trotzdem erkennen, ob mein Volk schon infiziert ist? Ziehen Sie eine Futterkranzprobe (siehe Seite 111). Nur so können Sie wissen, ob Ihr Volk schon mit Sporen belastet ist. Die Futterkranzprobe ist ein wunderbares Werkzeug, um AFB schon im Frühstadium sicher erkennen zu können.

Die AFB hat aber noch weitere Besonderheiten: Sie ist eine meldepflichtige Bienenkrankheit im Bereich der Bienenseuchen-Verordnung (siehe Seite 31). In dem Moment, wo eines Ihrer Völker positiv getestet wurde, setzt sich der Behördenapparat in Bewegung. Sind Ihre Völker angemeldet beim Veterinäramt? Haben Sie eine Betriebsnummer? Dann haben Sie nichts zu befürchten. Alle jetzt erforderlichen Proben sind für Sie kostenfrei. Sollten allerdings Ihre Völker nicht ordnungsgemäß angemeldet worden sein, wird es jetzt unter Umständen teuer und knackige Bußgelder sind zu entrichten. In der Regel meldet sich, wenn Ihr Volk positiv getestet worden ist, telefonisch die zuständige Behörde und schickt jemanden vorbei, der all Ihre Völker noch einmal jeweils einzeln beprobt und durchschaut. Davon abhängig wird die weitere Vorgehensweise entschieden:

- Wenn nur eine sehr geringe Sporenbelastung vorliegt (Stufe 1 und kein klinischer Ausbruch), können Sie die Völker meist sehr leicht sanieren: Alle Bienen ziehen um in saubere Beuten und bekommen neue Waben mit Mittelwänden (siehe Seite 63). Dadurch, dass die Bienen dann alles neu ausbauen müssen, gibt es bald keine Sporen mehr im Stock. Die Behörde wird ab und an nachproben. Sind alle Proben negativ, können Sie weiter imkern wie zuvor.
- Brenzlig wird es bei der Sporenbelastung Stufe 2 und einem klinischen Schadbild. Dann gibt es einen Haufen Arbeit. Von der Behörde bekommen Sie einen schriftlichen Aktionsplan, wann Sie was und wie zu tun haben. Gleichzeitig wird sie einen AFB-Sperrbezirk anordnen und ausrufen. Erst im Radius von wenigen Kilometern, später – falls Völker an noch mehr Standplätzen erkrankt sein sollten – auch größere Gebiete. Wenn Ihre Beuten in einem Sperrgebiet stehen, werden Sie von der Behörde angeschrieben und angewiesen, eine Futterkranzprobe von Ihren Bienen zu ziehen und einzuschicken. Diese ist für alle angemeldeten Imker kostenfrei. Sind die Proben negativ, dürfen Sie trotzdem weder aus dem Gebiet abwandern noch Bienen von außerhalb zu Ihrem Stand holen. Sie dürfen auch Beutenmaterial nicht aus dem Sperrgebiet entfernen. Sie können die Sperrgebiete in jeder Veterinärbehörde im Internet einsehen. Dort finden Sie auch die Informationen, falls Sperrgebiete vergrößert oder aufgelöst werden.

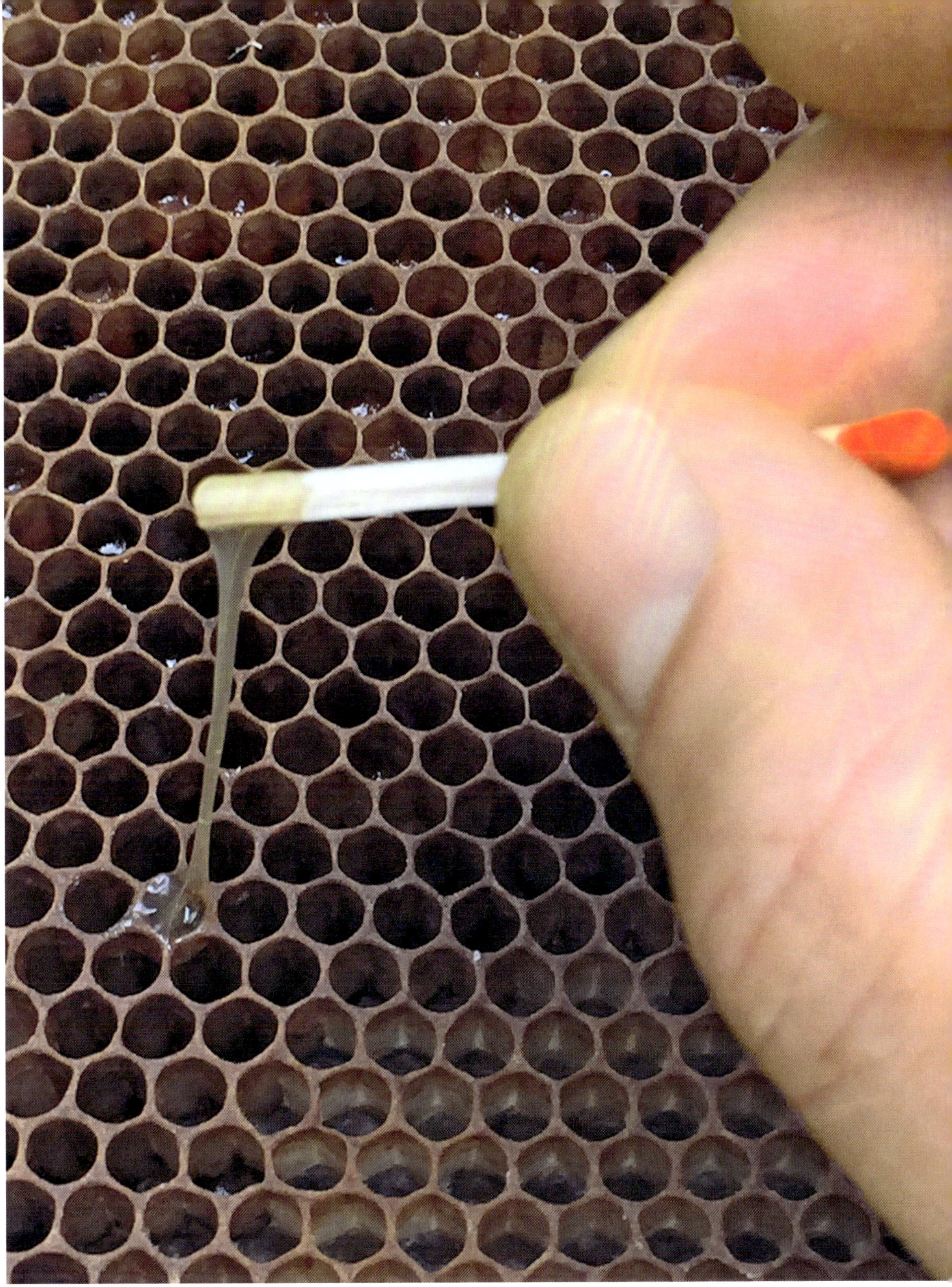

Streichholztest bei der Amerikanischen Faulbrut.

Doch zurück zu Ihrem fiktiven an Faulbrut erkrankten Volk. Keine Angst, Sie werden genügend Zeit haben, Ausrüstung und Helfer zu rekrutieren. Die meisten Imkervereine besitzen mittlerweile schon Kochkessel, um einen Stand sanieren zu können. Versuchen Sie bitte nicht alles allein zu machen, holen Sie sich kundige Kollegen und planen Sie ein Mittagessen für alle ein. Würstchen mit Kartoffelsalat macht alle satt und glücklich.

- Als erstes müssen alle Völker abgefegt werden, in leere Beuten ohne Rähmchen. Warum? Die Bienen sollen die restlichen Sporen verstoffwechseln und ausscheiden. Sie dürfen frei fliegen, nehmen saubere Nahrung auf und fangen an, Waben zu bauen. So verbleiben sie mindestens drei Tage in den leeren Beuten. Der Imker muss jeden Tag das gebaute Wachs vom Deckel entfernen, da auch dieses noch kontaminiert ist. Diese Beuten mit den Bienen werden an die alten Standplätze gestellt.
- Alle Honigwaben können vorher aussortiert und ausgeschleudert werden. Alle anderen Brut-, Futter- und Pollenwaben werden bienendicht in Abfallsäcke gegeben und gut verschlossen. Diese müssen anschließend zur Müllverbrennungsanlage gebracht werden. Lassen Sie sich eine Annahmebestätigung geben, das verlangt die Behörde. In Schweden dürfen diese Waben im eigenen Garten verbrannt werden, in Deutschland ist es verboten.
- Als Nächstes müssen alle Beutenteile abgekratzt und alles andere Material desinfiziert werden. Bei Styroporbeuten bedeutet das, dass alle Teile in kochender Ätznatronlauge einige Minuten ausgekocht werden müssen. Das bringt eindeutig am allerwenigsten Spaß – und außerdem stinkt es. Dringend notwendig ist eine Säureschutzkleidung mit Schürze, langen Handschuhen, Gummistiefeln, Schutzbrille und Atemschutzmaske. Danach werden sämtliche Teile in Klarwasser getaucht. Alles, was nicht mit Ätznatronlauge ausgekocht werden kann, muss abgeflammt oder weggeworfen werden. Wer Holzbeuten verwendet, muss alle Beutenteile ordentlich mit Stockmeißeln abkratzen und kann dann jedes Beutenteil abflammen, also über Hitze desinfizieren. Denken Sie bitte auch an Ihre komplette Schutzausrüstung, die mit 90 °C Grad gewaschen werden muss, an Ihr Werkzeug, und natürlich an alle Materialien zur Honigernte wie die Schleuder usw. Wirklich alles muss desinfiziert werden.
- Nach drei Tagen werden die Bienen dann in neue saubere Beuten mit Mittelwänden umquartiert und gefüttert.
- Als letzter Arbeitsschritt werden dann noch die Beuten desinfiziert, in denen die Bienen die drei Tage verbracht haben, und dann haben Sie es geschafft. Jetzt müssen Sie nur noch die anstehenden Beprobungen durch das Veterinäramt abwarten. Im Normalfall sollten alle Sporen verschwunden sein und Sie haben jetzt fantastisch gesunde Völker mit wunderbaren, frisch ausgebauten Waben. Nichts ist so schlecht, dass nicht etwas Gutes daraus entstehen kann – das gilt selbst bei einem Ausbruch der AFB.

Allerdings gibt es auch traurig verlaufende Fälle, bei vernachlässigten Völkern zum Beispiel. Wenn der amtliche Veterinär vor lauter Chaos am Stand kein Land sieht und katastrophale Zustände vorfindet, wird er unter Umständen auch ein Abschwefeln der Völker anordnen. Das ist bitter und traurig, aber verständlich. Ich kenne hier in meiner Region nur sehr wenige Fälle, bei denen dieses geschehen ist. Im Normalfall wird der Veterinär immer gestatten, dass Sie Ihre Bienen retten. Es liegt also in Ihrer Hand!

Wenn Sie wirklich auf der sicheren Seite sein wollen, ziehen Sie einmal im Jahr eine Futterkranzprobe, dann kann Ihnen wirklich nichts passieren.

Ein riesiges Problem sind die sogenannten verlassenen Stände. Sie sind eines der größten Ausbruchsrisiken der AFB. Wenn ein alter Imker verstirbt und seinen Kollegen nicht verraten hat, wie viele Völker er hatte und wo sie stehen, kann keiner diese Bienen mehr pflegen. Die Bienen sind ab da auf sich allein gestellt. Es werden keine alten Waben mehr ausgetauscht und so steigt der Sporen-, Viren- und Krankheitsdruck, bis irgendwann eine AFB ausbricht. Diese Stände sind eine Katastrophe. Keiner weiß, wo sie sich befinden, weil sie natürlich auch nie gemeldet waren. Durch diese verwahrlosten Stände kann sich unter Umständen jedes andere Bienenvolk anstecken. Bienen beräubern nämlich gerne andere Völker (siehe Seite 140). Besonders starke Bienenvölker klauen gerne Futter von Schwächlingen. Und wenn diese Schwächlinge an einer AFB erkrankt sind, wird mit dem geräuberten Futter auch ein starkes gesundes Volk angesteckt.

BEFALL MIT VARROAMILBEN

Fairerweise muss ich Ihnen, bevor Sie mit dem Imkern loslegen, auch diesen kleinen Parasiten vorstellen. So klein und unscheinbar diese Milbe ist, sie sorgt doch regelmäßig dafür, dass Imker im Frühling ohne Bienen dastehen.

Ich würde sogar behaupten, dass die Varroamilbe – gleich nach Pestiziden und Monokulturen – eines der größten Probleme der heutigen Imkerei darstellt. Wie aber ist es möglich, dass ein winziges, weniger als stecknadelkopfgroßes Spinnentier unseren Bienenvölkern derart gefährlich werden kann?

In den 1970er-Jahren ist die Varroamilbe in Europa eingewandert. Sie kommt ursprünglich aus dem ostasiatischen Raum und lebt dort in einer Art Symbiose mit der Asiatischen Honigbiene. Diese Bienenart kommt mit der Varroa wunderbar klar, es gibt ein ausgewogenes Wirt-Parasit-Verhältnis. Die Biene erkennt die Milbe und entfernt sie aus dem Stock, zerbeißt sie, verschließt die befallenen Zellen mit Propolis und – bei hohem Befall – verlässt das Volk das Nest.

Die Asiatischen Bienen haben zudem eine kürzere Entwicklungszeit, sodass sich die Milben nicht so schnell und häufig in den Brutzellen vermehren können.

Für unsere europäischen Bienen jedoch war die Milbe gänzlich neu. Sie wird von unseren Bienen nicht erkannt und auch nicht bekämpft. Kurz nach dem ersten Auftreten der Varroamilben in Europa gab es ein gewaltiges Bienensterben in den 1970er- und 1980er-Jahren. Die Imker fingen damals verzweifelt an, Gifte und Medikamente in die Bienenstöcke einzubringen, um die Milben auszurotten. Nichts half auf Dauer, stattdessen können noch heute viele dieser hochgiftigen Medikamente anhand von Rückständen im Bienenwachs nachgewiesen werden. Bis zum heutigen Tage gibt es keine Möglichkeiten, diese Milben zu vernichten. Wir müssen mit ihnen imkern, ob uns das gefällt oder nicht!

Im Gegensatz zu den Anfangsjahren setzen wir heute bei der Varroabehandlung auf organische Säuren, die keinerlei Rückstände bilden. Eine zweite wichtige

Drohnenbrut mit aufsitzenden Varroamilben.

Behandlungsstrategie ist das Ausschneiden der Drohnenbrut. Da die Drohnenbrut ein paar Tage länger verdeckelt bleibt als die Arbeiterinnenbrut, können sich die Varroamilben dort besonders gut vermehren. Die Varroen wissen das und sind in der Lage, sich Drohnenzellen im Bienenstock zu erschnüffeln.

Was aber ist an der Varroamilbe so gefährlich, dass sie in der Lage ist, unbehandelte Völker innerhalb von ein bis zwei Jahren auszurotten? Aufgrund von nicht vorhandener Brut vermehrt sich die Varroa im Winter nicht. Sie sitzt stattdessen auf den Winterbienen, beißt sie regelmäßig und ernährt sich von deren Fettkörper. Die Bienen ertragen dies, sofern die Anzahl der Varroen nicht zu hoch ist. Gefährlich wird es im Frühjahr, wenn die Königin wieder mit dem Eierlegen beginnt. Dann schlüpfen kurz vor der Verdeckelung die Milbenweibchen mit in die Zellen. Sie beißen dann die Maden, saugen das Bienenblut – die Hämolymphe – der Maden und legen schließlich ein Ei, aus dem ein Milbenmännchen schlüpft. Mit diesem paaren sie sich und legen wiederum Eier. Wenn die Biene schlüpft, verlassen mit ihr die Muttermilben die Zelle. Außerdem überträgt die Varroamilbe mit jedem Biss Viren, nicht anders als unsere Hausratte. Diese Viren können unter anderem dazu führen, dass die Flügel verkümmern oder die Biene klein und verkrüppelt schlüpft. Leider zeigen sich unsere Bienen in diesem Moment unsozial: Behinderte Bienen können nichts zum Wohl des Volkes beitragen, also werden sie aus dem Stock geworfen.

Achtung!

Es gibt noch eine Vielzahl anderer Bienenkrankheiten. Die meisten treten aber so selten auf, dass sie für einen Neuimker erst einmal nicht im Fokus stehen. Besorgen Sie sich gute Fachliteratur, besuchen Sie Fortbildungen und holen Sie sich fachliche Hilfe, wenn Sie merken, das mit Ihrem Volk etwas nicht stimmt.

Die Bienenforschung hat jahrelang sämtliche Register gezogen, mit Toleranzzüchtungen, unterschiedlichsten Medikamenten, Hormonen, um die Varroen zu verwirren, Bienensaunas, dem Bücherskorpion und vielem mehr. Unterm Strich ist noch nicht viel dabei herausgekommen. Sie werden, wenn Sie Ihre Bienen gesund und fit erhalten wollen (und das ist möglich!) nicht darum herumkommen, sich an ein schlüssiges Behandlungskonzept zu halten. Ich kann Ihnen versichern, dass bis zum heutigen Tage ein solches Imkern mit der Varroa möglich ist.

Übrigens gibt es keine Möglichkeit, die Asiatische Biene nach Europa zu holen, da sie mit unserem Klima nicht zurechtkommt. Kreuzungen zwischen den beiden Bienenrassen sind auch nicht möglich, sie sind genauso wenig kreuzbar miteinander wie etwa das Pferd mit einem Schwein.

Auf los geht's los: Kauf und Bienentransport

Endlich – Ihr Standplatz ist fertiggestellt und heute ist der große Tag, an dem Sie Ihre Bienen abholen können. Für Kauf und Transport der Bienen benötigen Sie eine Beute mit Boden und Deckel, Folie, Schaumstoff zum Verschließen des Flugloches, Imkerschutzkleidung und mindestens einen Gurt.

Holen Sie ihr Volk möglichst am frühen Abend, dann sind alle Bienen im Stock. Der Imker, der Ihnen Bienen verkaufen möchte, sollte sich in einer Entfernung von mindestens vier Kilometern zu Ihrem Bienenstand befinden, sonst fliegen die Bienen zu ihm zurück. Sie bekommen vom Imker Waben mit den aufsitzenden Bienen in Ihre Beute eingehängt. Zum Volk gehören eine Königin und eine ordentliche Portion Bienen auf jeder Wabe. Danach wird die Beute geschlossen, verzurrt und transportiert. Achten Sie auch auf den Beutenunterboden, dort verstecken sich gern Bienen und summen dann bei der Fahrt in Ihrem Auto herum (nicht jedermanns Sache). Bitte transportieren Sie niemals ungesicherte Beuten in Ihrem Auto: Im Falle eines Unfalls wird Sie keiner retten, wenn in Ihrem Auto Tausende von Bienen herumschwirren.

Der verkaufende Imker muss Ihnen ein Zeugnis aushändigen, das die Gesundheit seiner Bienen bestätigt – das ist gesetzlich vorgeschrieben.

Am neuen Standort wird die Beute sofort aufgestellt und gleich danach das Flugloch geöffnet, damit die Bienen fliegen können. Wenn es sehr warm ist, bitte die Bienen immer erst in den kühleren Abendstunden transportieren, sonst können sie verbrausen: Die Bienen regen sich auf und beginnen, viel Wärme zu produzieren. Da die in der geschlossenen Beute nicht entweichen kann, steigen die Temperaturen über den Schmelzpunkt des Bienenwachses – die Waben schmelzen, die Bienen verkleben. Es macht dann Sinn, die Waben mit Bienen zur Kühlung vor der Reise mit einem Wassersprüher nebelfeucht einzusprühen.

Bienen transportieren: Sichern Sie die Beuten unbedingt gut mit Gurten!

Die meisten Völker/Ableger stehen Ende Mai zum Verkauf. Das ist die Zeit, in der sich die Bienen massiv vermehren. Dann sind die Völker auch am günstigsten. Im Herbst lassen sich ebenfalls gut Völker kaufen; wenn man die Völker allerdings nicht kennt und den Imker auch nicht, riskiert man eine große Unsicherheit, wie stark die Völker mit Varroen befallen sind. Im ungünstigsten Fall kann das dazu führen, dass man die Völker im Winter verliert und im Frühjahr bienenfrei dasteht.

Günstigster Termin für den Bieneneinkauf sind somit Mai und Juni. Das billigste Bienenvolk ist ein selbstgefangener Schwarm, den gibt es umsonst! Infos dazu finden Sie im Kapitel „Einen Bienenschwarm einfangen" (siehe Seite 135).

Achtung!

Bei Frost sollten Bienen nicht transportiert werden, weil die Wintertraube abreißen kann und die Bienen verklammen. Nach Weihnachten sollten Bienen auch nicht mehr transportiert werden, weil ihre Kotblasen dann meist schon sehr gut gefüllt sind und sie bei Erschütterungen ihren Stock verschmutzen würden.

Wer schreibt, der bleibt: Dokumentation

Und mit ihm bleiben seine gesunden Bienen! Ein wichtiger Tipp daher gleich zu Beginn Ihres Imkerlebens: Ich notiere heute noch das Ergebnis jeder Durchsicht für jedes Volk. So kann ich vor den nächsten Arbeiten das benötigte Material zusammenpacken und muss nicht zweimal nacheinander zum Bienenstand.

Machen Sie sich die Mühe und dokumentieren Sie mindestens das erste Jahr hindurch durchgehend sämtliche Eingriffe an Ihren Bienen. Es gibt mittlerweile für die, die kein Notizbuch mit an den Stand nehmen möchten, sehr gute Handy-Apps. Jedes Volk ist autark, jedes funktioniert völlig anders als das Nachbarvolk. Jedes Volk hat eine andere Größe, braucht eine andere Anzahl an Honigräumen, gibt eine andere Menge Honig und und und. Wie soll man sich das allein bei nur vier Völkern merken? Dann existieren noch viele Besonderheiten, defektes Material muss ersetzt, Königinnen gezeichnet, Waben ausgetauscht und Drohnenrahmen geschnitten werden. Es ist eine prima Unterstützung, wenn man sich die einzelnen Dinge später noch einmal in Ruhe durchlesen kann. Aus Fehlern lernt man und es werden sicher nicht wenige sein!

Imkern hat sehr viel mit Beobachten und Ruhe zu tun. Seien Sie aufmerksam, geben Sie Fehler zu und lernen Sie daraus – dann steht einem erfolgreichen Imkerleben nichts im Wege.

Auch ist es schön, einzelne Jahre miteinander zu vergleichen: Wann war der Honig reif im letzten Jahr, wann und wie viel wurde geschleudert? Man baut sich so mit der Zeit seine eigene Bienen-Datenbank auf. Und auf einmal findet man Muster, kann dann viel gezielter reagieren. So wird man tatsächlich zum besseren Imker.

Notieren Sie sich jeden Eingriff an den Bienenvölkern, damit nichts vergessen wird. →

Untrennbar: Bienen und Wetter!

Als Imker wird man ganz nebenbei zum Wetterpropheten. Denn Biene ohne Wetter geht genauso wenig wie Biene ohne Blume.

Diese Biene hat ein unfreiwilliges Bad im Regen genommen …

Bevor ich zur Imkerin wurde, hat mich das tägliche Wetter nur interessiert, wenn ich mit dem Rad unterwegs war. Die einzige Frage, die ich mir zu dieser Zeit stellte, war: Werde ich nass oder nicht? Seit ich jedoch Bienen halte, klebe ich am Wetter wie das Kaugummi am Pult meiner Schüler. Jeden Morgen das Gleiche: ein Blick aus dem Fenster, anschließend auf die Wetterkarte im Internet. Sollte das Wetter für meine Bienen nicht flugtauglich sein, leiden sie nicht allein – als rechtschaffene Imkerin leide ich anstandshalber mit.

Warum aber ist das Wetter so enorm wichtig für unsere kleinen geflügelten Freunde?

Ganz einfach, das Leben der Bienen hängt komplett von der Witterung ab. Frost oder Regen zu Unzeiten können ganze Bienenvölker zugrunde richten. Obendrein können wir uns dann auch gleich vom Honig verabschieden. Deswegen ist für einen stolzen Bienenbesitzer unabdingbar, das Wetter im Auge zu behalten.

Im Frühling zeigt uns das Wetter den Start der Bienensaison an: Wenn die Temperatur endlich über 10 °C steigt, haben die Bienen die Möglichkeit, das erste Mal nach dem langen Winter auszufliegen, um abzukoten. Für Sie ist es dann wichtig, den Nachbarn Bescheid zu geben, sonst sind die ersten Auseinandersetzungen vorprogrammiert (keine Wäsche draußen aufhängen!). Dann warten wir auf über 15 °C Tagestemperatur, um das erste Mal in die Beuten zu gucken. Und mit Sicherheit hat ab jetzt jeder Imker das Thermometer im Blick. Werden die Beuten zu früh geöffnet, kann die empfindliche Brut verkühlen.

Gefährlich für Bienen sind starke Winde im Frühjahr. Die Insekten sind so klitzeklein, dass der Wind sie durch die Gegend bläst und die Bienen keine Chance haben, den Einflug der Beute zu treffen. Nach dem dritten Versuch ist die Biene so entkräftet und ausgekühlt, das sie zu Boden fällt und dort verstirbt. Deswegen ist ein Windschutz seitwärts der Beuten in Form kleiner Büsche angebracht. Was meinen Sie wohl, wo ich diverse windige Tage meines ersten Bienenjahres verbracht habe? Richtig: an meinen Beuten. Und habe Bienen gerettet.

Eines hasst jeder Imker: Frost, während die Obstbäume blühen. Auch da kann man schon schlechte Laune bekommen, wenn man die Witterung beobachtet und der Wetterfrosch im Fernsehen die nächsten Bodenfröste vorhersagt. Dann gibt es keinen Frühjahrshonig. Ein Apfelbaum kann noch so schön blühen – wenn unter 10 °C Tagestemperatur herrschen, können die Bienen nicht heraus, um Nahrung zu sammeln (und die Blüten werden nicht bestäubt). Das ist nicht nur tragisch, sondern kann sehr schnell für das Bienenvolk gefährlich werden. Es könnte verhungern. Zu diesen Zeiten gibt es schon sehr viel Brut im Stock und die hat Kohldampf. Auch hier ist der Imker gut beraten, die Völker zu beobachten und notfalls zu füttern.

Übrigens

Bienen können sogar fliegen, wenn Schnee liegt, jedoch nur, wenn die Sonne dazu scheint. Durch die Reflektion ist ihnen so warm wie dem Skifahrer, der im Liegestuhl vor der Hütte eine Jause einlegt.

Im Verlauf des Bienenjahres haben wir immer wieder das Problem, dass bei unseren geplanten Durchsichten das Wetter nicht passt. Eine Durchsicht bei Regen? Lieber nicht. Stiche sind vorprogrammiert, weil alle Bienen zu Hause herumhängen, auch die, die schon stechen können. Notfalls aber, wenn die Regenperiode länger anhält, bleibt uns manchmal nichts anders übrig, als doch die Völker durchzusehen. Dann nehmen Sie am besten jemanden mit, der Ihnen und Ihren Bienen einen Schirm über das Haupt hält. Umgekehrt sind die heißen Tage im Hochsommer auch nicht der Hit. Man sollte wirklich nicht bei über 30 °C an die Damen gehen. Warten Sie notfalls die kühleren Abendstunden ab. Durchsichten sind ebenfalls extrem ungünstig, wenn es schwül ist. Bienen sind sehr wetterfühlig (halt alles Damen), sie werden unleidlich und zickig bei drückend-schwülem Wetter. Warten Sie dann lieber das Gewitter ab, und wenn die Luft wieder rein ist, können Sie unbesorgt die Durchsicht machen. Interessanterweise schwärmen die Bienen vorzugsweise an schwül-warmen Tagen. Also an diesen Tagen nicht aktiv an den Bienen arbeiten, sondern schon mal die Schwarmfangkiste bereitstellen.

Nicht passende Temperaturen machen uns auch bei der Behandlung gegen die Varroamilbe das Leben schwer. Nur Füttern ist temperaturunabhängig möglich. Ich kann Sie aber beruhigen: In all den Jahren, die ich schon imkere, hat es nicht

Im Winter ist das Wichtigste: Ruhe für die Bienenvölker.

nur Jahre mit schlechter Witterung gegeben, sondern auch fantastische, die so viel Honig einbrachten, dass ich gar nicht wusste, wohin mit der ganzen süßen Pracht. Unterm Strich passt es immer. Also bitte nicht verzweifeln, wenn ein Jahr mal komplett verregnet und ins Wasser fällt, dann wird das nächste mit Sicherheit wunderschön. Sie sind durch ihre Bienen nichts anders als ein Nutztierhalter bzw. Landwirt geworden. Alle Agrarökonomen haben in der Berufsschule auch Wetterbeobachtungen auf dem Stundenplan, warum wohl?

Gesunder Rücken: Ergonomie am Bienenstand

Über 85 % aller Imker leiden jahreszeitenabhängig an Rückenschmerzen. Viele werden durch diese Rückenschmerzen sogar dazu gezwungen, ihre Imkerkarriere frühzeitig an den Nagel zu hängen. Lassen Sie es nicht soweit kommen, arbeiten Sie von Anfang an ergonomisch!

Bienen selbst sind federleicht: 10.000 Bienen wiegen weniger als drei Kilogramm, warum also sollte man beim Imkern Rückenschmerzen bekommen? Beim Gewicht der Beuten sieht es schon ganz anders aus. Eine einzelne Zarge besitzt ein Gewicht von mehr als zweieinhalb Kilogramm. Rähmchen wiegen ebenfalls etwas, und wenn dann noch die ausgebauten Waben mit Brut hinzugerechnet werden, kommen wir schnell auf ein Zargengewicht von mehr als 20 Kilogramm. Noch schwerer sind die Honigraumzargen mit 25 bis 30 Kilogramm.

Die wenigsten Imker schleppen privat aus Jux und Dollerei Zementsäcke, so ist man halt relativ untrainiert. Es kommt jedoch mehr auf die richtige Technik des Tragens und Hebens an als auf Ihren ganz persönlichen Trainingsstand. Und ich behaupte, dass auch die kleineren Leichtgewichte unter uns erfolgreich imkern können. Ich habe 14 Jahre mit Schülern in einer Schulimkerei geimkert, mit dabei waren sogar Kinder im Vorschulalter!

Wenn Sie Ihren Rücken schonen möchten, damit Sie ein langes und gesundes Imkerdasein erleben können, beachten Sie bitte folgende Punkte.

- Stellen Sie Ihre Völker leicht erhöht auf – ich empfehle mindestens 30 Zentimeter Höhe.
- Versuchen Sie Ihre Völker so aufzustellen, dass Sie mindestens einen, besser zwei Meter rechts und links der Beuten Bewegungsfreiheit haben.
- Stellen Sie sich zum Arbeiten immer hinter die Bienenvölker und arbeiten Sie im Warmbau (die Rähmchen hängen also parallel zum Flugloch). Dann

können Sie mit beiden Händen die Rähmchen ziehen. Wenn Sie im Kaltbau arbeiten möchten, stellen Sie sich seitlich an die Beuten.

- Nutzen Sie einen Arbeitstisch am Bienenstand und stellen Sie einzelne Zargen niemals auf den Boden, sondern immer auf dem Tisch ab. Dieser muss eine Traglast von mindestens 50, besser 80 Kilogramm haben.
- Tragen Sie beim Abheben einzelner Zargen diese dicht am Körper und niemals am ausgestreckten Arm, denn: je länger der Hebel, desto schwerer das Gewicht. Üben Sie mit einem vollen Wäschekorb!
- Niemals mit einer Zarge eine Drehung ausführen, ich höre sonst jetzt schon die Bandscheibe schreien! Stets vor- oder zurücktreten.
- Wenn etwas von unten gehoben werden muss: tief in die Hocke gehen, anheben, Gewicht nah am Körper. Niemals einen runden Buckel machen und dann das Gewicht über jeden einzelnen Wirbel heben. Das ist der Rückentod!
- Wenn die Honigräume zu schwer werden, heben Sie sie nicht gefüllt ab, sondern arbeiten mit Leerzargen. Dazu eine Leerzarge auf den Arbeitstisch stellen und die Honigwaben einzeln aus der Beute in die Leerzarge einhängen.
- Kaufen Sie sich eventuell Halbzargen für den Honigraum, dann wiegt eine volle Honigzarge nur 15 statt 30 Kilogramm!
- Vermeiden Sie es, mehr als zwei Honigräume auf Ihre Beuten aufzusetzen. Ab dem dritten brauchen Sie eine Leiter zum Ernten.
- Nutzen Sie beim Wabenabfegen einen Eimer auf Ihrem Arbeitstisch. Über der Beute abzufegen ist ergonomisch ungünstig.
- Starten Sie Ihre Imkerei mit wenigen Völkern, damit Sie sich allmählich an die Gewichte gewöhnen können.
- Gehen Sie über die bienenfreie Zeit (September bis März) in ein Fitnessstudio oder einen Sportverein – die nächste Bienensaison startet schneller als Sie denken.
- Wenn der Punkt kommt, wo Ihnen das Heben nicht mehr möglich ist, werfen Sie nicht die Flinte ins Korn. Es gibt eine Vielzahl sehr guter Hebesysteme im Imkerfachhandel, die nicht die Welt kosten. Schauen Sie sich auch andere Beutensysteme an, bei denen nicht gehoben werden muss, beispielsweise Einraumbeuten, die Bienenkugel oder Golzbeuten.

Imkern hält körperlich – und geistig – fit!

Die Kunst des Spurenlesens: Fluglochbeobachtungen

Das Flugloch eines Bienenstockes zu beobachten, ist ein ganz ähnliches Vorgehen wie bei einem Indianer, der im Sandboden Spuren liest. Der Imker wird zu Winnetou! Es gibt manch begnadete Imker, die nur durch einen Blick auf den Einflug in der Lage sind, den Gesundheitszustand eines Volkes zu erkennen.

Bis zum heutigen Tage verbringe ich vor jeder Durchsicht erst ein paar Minuten am Einflug, beobachte dort meine Bienen, bevor ich die Beuten öffne, um diese zu bearbeiten. Als erstes betrachte ich den Zustand des Einflugs. Ist er sauber oder mit Kot beschmutzt, gibt es Kotpünktchenketten oder Kotspritzer? Beides sind wichtige Anzeichen für eventuelle Darmerkrankungen der Bienen. Liegen tote Maden oder Puppen im Einflug? Eventuell haben Bienen die Brutzellen ausgeräumt, weil es zu kalt war oder diese mit der Varroamilbe befallen waren. Liegen extrem viele tote Bienen im Einflug und auf dem Boden davor? Es könnte sich um eine Vergiftung handeln. Stehen Ihre Bienen direkt an Feldern, die womöglich gerade gespritzt worden sind? Oder liegen einzelne Bienenteile im Eingang? Eventuell haben Sie eine Maus in Ihrer Beute. Wie stark ist der Bienenflug eines Volks im Vergleich zu den anderen Völkern? Kommen die Bienen mit Pollenhöschen nach Hause? Holen alle Bienen Pollen, nur ein Volk nicht? Fliegt ein Volk gar nicht? Hängt ein „Bienenbart"– also eine Art Traube aus Bienen, die wie ein Bart aussieht – vor dem Einflug und lungern die Bienen arbeitslos dort herum? Dann werden sie vermutlich in ein paar Stunden schwärmen. Man kann allein durch das Beobachten, schon in Gedanken oder auf Papier, eine Liste erstellen mit Punkten, die man dann bei der Durchsicht überprüfen möchte.

Extratipp

Auch ängstliche Menschen können so die Bienen fliegen sehen und sie riechen. Je wärmer es ist, desto intensiver wabert im Frühjahr der Honigduft aus den Beuten. Man kann Bienenvölker schon im Abstand von 100 Metern riechen, sogar wenn man im Heißluftballon über sie hinwegschwebt.

Ein Bienenbart an der Klotzbeute, bei Wärme hängen die Bienen gerne davor.

Grundsätzlich sollte ein Einflug freigeräumt sein, die Bienen passend zur Tagestemperatur fliegen und die Stärke des Bienenfluges zum Trachtangebot passen. Es ist zudem wichtig, mindestens einmal in der Woche den Einflug zu kontrollieren, um Blätter, Zweige oder andere Fremdkörper zu entfernen, bevor sie das Flugloch verstopfen. Wenn Sie dort Dinge entfernen möchten, setzen Sie sich einen Hut mit Schleier auf. Die Wächterbienen patrouillieren und greifen gerne an, wenn Unbefugte mit Gegenständen im Einflugbereich herumhantieren. Bitte diese Kontrollen am besten durchführen, wenn kein Bienenflug herrscht – also früh morgens oder sehr spät abends. Im Winter, bei starkem Schneefall, bitte regelmäßig den Einflug freikratzen, damit die Bienen Sauerstoff bekommen. Im Normalfall haben die Bienen ja auch eine Bodenlüftung; wenn aber die komplette Beute einschneit, wird irgendwann der Sauerstoff knapp. Nicht anders, als wenn jemand in einer Lawine verschüttet wird.

Auf der anderen Seite ist die Fluglochbeobachtung aber auch ein wunderbares Instrument, um ängstliche Menschen an Bienen zu gewöhnen. Auch meine Unterrichte in Schulen starten stets mit Fluglochbeobachtungen. Dafür muss man sich auch nicht extra Schutzkleidung anziehen: Ein Hut oder Cap ist völlig ausreichend, damit die Bienen nicht auf Ihren Haaren landen und sich dort verheddern. Zum Beobachten setzt oder stellt man sich einfach seitwärts neben die Beute, damit man nicht im Einflugbereich stört. Die Bienen fliegen einen hier in der Regel nicht an, sie steuern sehr gezielt zum Beuteneingang. Ich habe so schon viele Stunden, eine Tasse Tee in der Hand, meinen Bienen zugeguckt – das ist eindeutig besser als das Fernsehprogramm.

Lieblingsstück und Hassobjekt: Arbeiten mit Smoker

Der Smoker ist Freund und Feind des Imkers zugleich. Wenn er brennt, erleichtert er uns das ruhige Arbeiten an den Bienenvölkern ungemein. Wenn er das Brennen verweigert und ewig nicht an- oder gleich wieder ausgeht, wird er sehr schnell zum Staatsfeind Nummer eins.

Bei allen Arbeiten an den Honigwaben ist der Smoker sowieso verboten, da Honig hygroskopisch ist und Fremdgerüche anzieht.

In der Realität ist zu viel Smokern eine mitunter schlechte Angewohnheit. Ich selber würde mich auch nicht gerne vollqualmen lassen. Rauch brennt in den Augen und lässt uns husten. Also auch hier: Viel hilft nicht unbedingt viel. Versuchen Sie bitte immer dezent mit dem Smoker zu arbeiten. Gewöhnen Sie Ihre Bienen lieber an wenig Qualm. Bienen sind nichts anderes als „Gewohnheitsmenschen". Sie gewöhnen sich nicht nur an Sie, sondern auch an Ihre Arbeitsweise. Ich arbeite ab und an gänzlich ohne Smoker; manchmal reicht auch bereits ein kleines Stück angekokelter Eierpappe. Falls Sie einen Smoker einsetzen, dann vor allem dann, wenn Sie die Zargen wieder aufsetzen – um so zu verhindern, dass Bienen, die sich noch auf dem Falz befinden, gequetscht werden.

Nach einer Bienensaison müssen Sie sich auch um eine Reinigung Ihres Smokers kümmern, manchmal auch schon vorher. Wenn Teerkohle entstanden ist und diese die Öffnung verschließt, kann der Smoker nicht mehr qualmen. Zum Saubermachen den ganzen Smoker (ohne den Blasebalg) über Nacht in Sodalösung einweichen und am nächsten Tag mit einer Bürste schrubben, bis er innen und außen wieder glänzt.

Quer durchs Bienenjahr

Imkern im Jahreslauf

Für alle Arbeiten an den Bienen benötigen Sie Ihre Grundausrüstung: Imkerschutzanzug, Handschuhe, Stockmeißel, Wabenheber, Bienenbesen, Smoker, Feuerzeug und Ihr Notizbuch mit Stift. Schaffen Sie sich einen kleinen Werkzeugträger an, in dem alles parat liegt.

Falls Sie dazu noch weitere Dinge am Bienenstock brauchen, weise ich bei den einzelnen Eingriffen extra darauf hin. Alle Arbeiten an den Bienen sind temperaturabhängig und lassen sich daher nicht auf ein bestimmtes Datum festlegen!

STARTSCHUSS – DER REINIGUNGSFLUG

Zeitpunkt: Wenn es das erste Mal über 10 °C warm ist.

Jetzt geht es endlich los. Wir starten mit dem Bienenjahr im Frühling, wenn wir das erste Mal Temperaturen von mehr als 10 °C haben. Wichtig: Vorher müssen unbedingt die Mäusegitter entfernt werden, sonst drängeln und quetschen sich die Bienen zu Tode.

Nun fliegen die Bienen erstmalig, um abzukoten: zum sogenannten Reinigungsflug. Denn die Bienen können im Winter den Stock nicht verlassen, weil es zu kalt zum Fliegen ist. Daher sammelt sich alles in der Kotblase, die im Frühjahr den gesamten Hinterleib der Biene füllt. Sobald es dann zum allerersten Mal warm genug zum Fliegen ist, drängeln sich alle Bienen in einem irrsinnigen Tempo nach draußen, um ihre Last loszuwerden. Wer zu diesem Zeitpunkt neben den Bienenbeuten steht, sollte zur Sicherheit einen Regenschirm aufspannen, sonst wird er ordentlich vollgekleckert. Die Bienen machen auch vor frisch gewaschener Wäsche oder polierten Autos nicht halt. Bevorzugt werden weiße, glänzende Flächen besprenkelt. Sprechen Sie im Zweifelsfalle mit Ihren Nachbarn. Sollte es wirklich die Wäsche erwischt haben, einfach nochmal waschen, die Flecken gehen leicht heraus.

Schenken Sie Ihrem Nachbarn auf jeden Fall im Sommer ein Glas Honig, dann vergisst er sein vollgekleckertes Auto und verzeiht Ihren Bienen.

Gleich im Anschluss, nachdem sich die Bienen Erleichterung verschafft haben, fangen sie an, ihre Toten aus dem Stock zu tragen. Am Abend, wenn die Bienen nicht mehr fliegen, sieht man viele tote Bienen auf dem Boden vor dem Stock liegen. Das ist ein positives Zeichen: Völker, die aufräumen, sind gesund.

Der Reinigungsflug kann sich mehrfach wiederholen, wenn es zwischendurch wieder lange Frostphasen gibt.

BODENTAUSCH

Material: Saubere Böden (pro Volk einen), ein Helfer, Gasbrenner.
Zeitpunkt: Nachdem die Bienen einen Reinigungsflug hatten, ca. Mitte April.

Das nächste Mal, wenn das Thermometer wieder auf 12–14 °C klettert, können die Beutenböden getauscht und gereinigt werden. Die Völker haben den ganzen Winter alles auf den Boden fallen lassen, unter anderem die toten Bienen. Daher sollten die Böden jetzt unbedingt einmal saubergekratzt und, wenn sie aus Holz sind, abgeflammt werden. Gut ist es, wenn Sie für jede Beute zwei Böden besitzen. Dann ist das Tauschen noch einfacher. Holen Sie sich zum Bodentausch

Zum Desinfizieren werden die Flächen der Holzbeuten regelmäßig abgeflammt.

Hilfe, dann geht es schneller. Werfen Sie sich bitte in Ihre Imkerschutzkleidung und nehmen Sie den Smoker, ein Feuerzeug und den Stockmeißel mit zu den Beuten. Kontrollieren Sie vorher, ob der Boden jeweils komplett mit Varroaschublade und Holzbausperre ist. Heben Sie dann den oberen Brutraum von Ihrer Beute ab und stellen ihn auf einen Tisch oder vorsichtig auf den Erdboden. Auf den oberen Brutraum stellen Sie jetzt den unteren Brutraum. Ihr Helfer wiederum tauscht jetzt den alten mit dem neuen Boden aus. Und stellt sofort den neuen Boden an den alten Platz. Auf den neuen sauberen Boden wird dann der untere Brutraum und zuletzt der obere wieder aufgesetzt.

Extratipp

Kontrollieren Sie unbedingt gleich nach dem Tausch, ob der Boden richtigherum gestellt wurde: Wenn das Flugloch nach hinten zeigt, wissen die Bienen nicht, wie sie aus der Beute herauskommen! Im Extremfall würden alle Bienen in Richtung Einflug drängeln – ähnlich Menschen im Sommerschlussverkauf – und dort versterben.

Wenn Sie schnell genug arbeiten, benötigen Sie keinen Rauch; regen sich die Bienen jedoch sehr auf, hilft es, sie mit einem Rauchstoß in die Zargen zurückzutreiben. Wenn alle Böden getauscht worden sind, nehmen Sie die alten, verschmutzten Böden mit und säubern sie. Dazu alle Verunreinigungen mit dem Stockmeißel abkratzen und anschließend alle Flächen innen und außen mit einem Gasbrenner abflammen. Bitte aber nur so weit, dass die Holzteile beginnen, dunkler zu werden, nicht bis zur Holzkohle. Styroporbeuten übrigens schrubben Sie bitte mit kochender Sodalösung.

DIE ERSTE DURCHSICHT

Material: Vorbereitete Rähmchen mit eingelöteten Mittelwänden.
Zeitpunkt: Ab Mitte April, bei Sonnenschein und ab mindestens 12–14 °C.

Die erste Durchsicht können Sie durchführen, nachdem der Reinigungsflug stattgefunden hat. Niemals vorher, weil die Bienen bei den Erschütterungen ihre Beute von innen bekoten würden.

Bei der ersten Durchsicht wollen wir uns einen Überblick verschaffen, wie es dem Volk geht. Wir kontrollieren die Futtermenge, ob Brut vorhanden ist, die Volksgröße und den Zustand der Waben, vor allem der Randwaben.

Dazu nehmen wir den Deckel ab, lösen die Abdeckfolie und geben einen kleinen Rauchstoß auf das Volk. Dann lösen wir mit dem Stockmeißel alle Waben und ziehen anschließend mit dem Wabenheber die erste Randwabe. Bei der ersten Durchsicht kann genau das sehr schwierig werden. Das Volk hat über die letzten Monate hinweg die Waben bombenfest mit Propolis verkittet. Bienen hassen Zwischenräume und Zugluft, daher wurde alles mit Propolis fixiert. Wer jetzt zu

Kontrollieren, was auf den Waben so los ist – die Durchsicht.

viel Gewalt anwendet, reißt die Rähmchenoberträger ab. Wir müssen also sehr gefühlvoll versuchen, die erste Wabe zu ziehen. Sollte sie sich nicht lösen lassen, versuchen wir unser Glück mit der zweiten usw. Aber keine Angst, dieses Problem taucht wirklich nur bei der ersten Durchsicht auf, das nächste Mal geht alles leichter.

Die erste Randwabe wird nach dem Ziehen abgefegt, von beiden Seiten begutachtet und dann zur Seite gestellt. Ist sie verschimmelt, wird sie aussortiert und durch eine Mittelwand ersetzt. Danach wird die zweite Wabe gezogen, kontrolliert, danach wieder in die Zarge eingehängt und an die Position der Randwabe geschoben. So können wir jetzt die folgenden Waben ziehen und anschließend gleich wieder in die Beute einhängen. Vor dem Begutachten werden alle Waben in die Beute hinein abgefegt, damit Sie auch was sehen können.

Extratipp

Für einen Anfänger ist es schier unmöglich, verdeckelte Brut von verdeckeltem Futter oder von Honig zu unterscheiden. Es ist aber ganz einfach: Machen Sie den Fingernageltest. Dazu vorsichtig mit dem Fingernagel über die geschlossenen Zellen kratzen. Honig- und Futterzellen werden sofort geöffnet, weil der Nagel das Wachsdeckelchen wegschiebt. Die Brutzellen dagegen werden nicht geöffnet, weil sie mit einem Gespinst verdeckelt worden sind, das dem Fingernagel standhält. Und: Brutzellen befinden sich meistens zentral in der Wabenmitte, Honig- und Futterzellen eher im oberen Bereich der Wabe.

Wenn alle Waben kontrolliert worden sind, werden sie vorsichtig nach hinten geschoben, sodass vorn wieder die zur Seite gestellte Randwabe eingehängt werden kann.

Jede einzelne Wabe sollte begutachtet und das Ergebnis sofort notiert werden. Dann können wir nach der Durchsicht genau sehen, wie viel Futter und Brut in der Beute vorhanden ist. Im zeitigen Frühjahr sollte jedes Volk schon ein kleines Brutnest besitzen und noch mindestens zwei bis drei Futterwaben pro Zarge haben.

Alle schimmeligen Waben werden bei der ersten Durchsicht durch Mittelwände ersetzt und ausgetauscht. Wenn Völker im Winter zu klein waren, können sie den großen Raum nicht mehr temperieren – die Folge sind dann schimmelige Randwaben.

Findet man jetzt keine Brut, sollte das Volk mit einem anderen Volk vereinigt werden. Dazu fegt man die Bienen von den Waben in ein anderes Volk.

Für die Futterkranzprobe entnimmt man mit einen Löffel Honig aus dem Futterkranz.

Bei einer Sammelprobe dürfen Proben von mehreren Völkern in eine Tüte.

FUTTERKRANZPROBE

Material: Honigglas, Gefrierbeutel (drei Liter), ein Esslöffel, ein Helfer.
Zeitpunkt: Das ganze Jahr über möglich, bevorzugt im Herbst oder zeitigen Frühjahr.

Bei der ersten Durchsicht können wir auch gleich eine Futterkranzprobe ziehen. Diese Probe wird an ein Hygieneinstitut eingeschickt und auf die Sporen der Amerikanischen Faulbrut getestet. So können wir sehr leicht feststellen, ob unsere Bienen diese Krankheit haben oder nicht.

Für die Probe müssen wir aus unseren Völkern Futter oberhalb des Brutbereichs entnehmen. Am besten geht das mit einem Löffel: Mit diesem kratzt man einfach bis zur Mitte der Wabe (nicht bis zur anderen Wabenseite kratzen) Futter heraus und gibt dieses in den Gefrierbeutel, der vorher in das Honigglas eingehängt wurde.

Bitte keinen Pollen mit in die Probe geben, er verfälscht das Ergebnis und macht die Probe somit unbrauchbar. In Hamburg beispielsweise kann man Proben von bis zu sechs Völkern in eine Sammelprobe/Tüte geben (unterschiedlich je nach Bundesland). Diese Tüte wird verknotet und klebfrei mit den erforderlichen Begleitpapieren (die können Sie aus dem Internet herunterladen) an das zuständige Institut geschickt. Das Ergebnis bekommt man zugeschickt. Die Futterkranzprobe ist kostenpflichtig und kostet rund 20 €.

Extratipp

Zwischendurch immer den Deckel auf das Honigglas legen, damit keine Bienen in die Probe klettern.

Der Drohnenrahmen: ein Rähmchen ohne Mittelwand und Draht.

DROHNENRAHMEN EINSETZEN

Material: Drohnenrähmchen (ungedrahtetes Rähmchen ohne Mittelwand), pro Zarge eins.
Zeitpunkt: Ab Mitte April, je nach Temperatur.

Wenn die Tagestemperaturen sich bei 12–14 °C einpendeln, können die Drohnenrahmen eingesetzt werden. Die Drohnenrahmen gehören zum aktiven Varroa-Behandlungskonzept und sind unverzichtbar, falls man nicht unverhofft wieder bienenfrei sein möchte.

Wir entnehmen dem Volk pro Zarge jeweils ein Rähmchen, am einfachsten die Randwabe, um Platz zu bekommen. Das Drohnenrähmchen wird jedoch nicht am Rand, sondern im Anschluss an das Brutnest eingehängt. Die Bienen brauchen Wärme, um es ausbauen zu können, am Rand ist es jetzt noch zu kalt. Also müssen wir Rähmchen für Rähmchen ziehen, um herauszufinden, in welcher Position sich das Brutnest befindet. Haben wir es gefunden, schauen wir wo es beginnt – und genau dort im Anschluss hängen wir das Drohnenrähmchen ein.

Die Drohnenrahmen müssen wir ab jetzt bei allen folgenden Durchsichten immer sehr genau anschauen.

Sobald der Drohnenrahmen zu zwei Dritteln verdeckelt ist, wird er herausgenommen, ausgeschnitten und leer wieder eingehängt. Und ab jetzt wird bis zum Ende der Bienensaison alle sieben bis neun Tage eine Durchsicht gemacht. Diese regelmäßigen Durchsichten sind notwendig, um sich jederzeit ein Bild vom Volkszustand machen zu können. Außerdem dienen sie der Schwarmkontrolle, damit Ihnen das Volk nicht unbemerkt abschwärmt.

Extratipp

Kennzeichnen Sie den Drohnenrahmen mit einer farbigen Reißzwecke auf der Rähmchen-Oberseite, so können Sie ihn leichter finden.

Mit den regelmäßigen Durchsichten können Sie zudem die Varroa in Schach halten – eben durch das Ausschneiden der Drohnenbrut. Imkern bedeutet nicht nur Honig zu ernten, sondern in erster Linie die Bienen zu pflegen und ihnen so das Überleben zu sichern. Nicht an die Bienen zu gehen, hat nichts mit dem ökologischen Grundgedanken zu tun. Ab dem Moment, wo Sie Bienen halten, sind Sie moralisch und ethisch dazu verpflichtet, sich um die Tiere zu kümmern – ähnlich wie bei unseren Haustieren.

Der Drohnenrahmen ist von oben gut sichtbar gezeichnet mit einer roten Reißzwecke.

Der Honigraum wird auf die Bruträume aufgesetzt, über dem Absperrgitter.

AUFSETZEN DES ERSTEN HONIGRAUMS

Material: Honigraum mit Mittelwänden oder ausgebauten Honigwaben, Absperrgitter.
Zeitpunkt: April/Mai, kurz bevor die Kirschen anfangen zu blühen.

Die Obstblüte ist die erste Tracht, aus der die Bienen Honig herstellen können. Wenn wir den Bienen nicht rechtzeitig mehr Raum geben, lagern sie den Honig dort ab, wo normalerweise die Königin die Eier legen würde, im Brutraum. Die Folge davon wäre, dass das Volk schwärmen würde. Also geben wir den Bienen mehr Raum zum Honiglagern, den sogenannten Honigraum.

Bei einer Magazinbeute mit Deutsch Normalmaß gibt es keinen Größenunterschied zwischen Honig- oder Brutraum, weil alle Zargen gleich groß sind. Nur durch die unterschiedlichen Orte, wo sie eingesetzt werden, werden sie somit entweder zu einem Brut- oder zu einem Honigraum.

Zum Honigraum-Aufsetzen öffnen wir das Volk und geben einen Rauchstoß hinein. Jetzt muss der Wachsüberbau auf den Rähmchenoberteilen entfernt werden, weil sonst das Absperrgitter nicht richtig aufgelegt werden kann. Es ist wichtig, dass die Bienen unten bleiben und ihren Kopf einziehen, damit Sie sie mit dem Stockmeißel nicht köpfen. Das erreichen Sie mit dem Rauch. Das Absperrgitter soll die Königin daran zu hindern, in den Brutraum zu klettern und dort Eier zu legen. Waben mit Brut kann und sollte man niemals schleudern. Das Gitter ist so konzipiert, dass Arbeiterinnen durchpassen, die dickere Königin aber nicht.

Das Absperrgitter wird auf dem oberen Brutraum aufgelegt.

Übrigens: In der Bio-Imkerei ist das Absperrgitter unerwünscht, weil die Königin sich dort im ganzen Bienenstock frei bewegen darf und somit selbst entscheiden kann, wo sie Eier legen möchte.

Nachdem der Wachsüberbau mit dem Stockmeißel abgeschabt worden ist, wird oben auf den Brutraum das Absperrgitter bündig aufgelegt. Darauf setzt man den Honigraum. Er wird mit Mittelwänden gefüllt, komplett. Sollten Sie Honigwaben vom letzten Jahr eingelagert haben, können Sie diese statt der Mittelwände in den Honigraum hineinhängen: Dann müssen die Bienen erheblich weniger Energie aufwenden, um die Mittelwände erst einmal auszubauen. Das macht sich tatsächlich in der Erntemenge des Honigs bemerkbar.

Extratipp

Wenn Sie nur ein paar ausgebaute Honigwaben haben, geben Sie diese als Block in den Honigraum. Bitte niemals abwechselnd mit Mittelwänden einhängen. Dann bauen die Bienen die Mittelwände nicht aus und machen aus den ausgebauten Honigwaben Dickwaben. Die lassen sich weder ziehen noch schleudern. Also in die Mitte die ausgebauten Honigwaben, im Anschluss daran die Mittelwände einhängen.

DROHNENRAHMEN AUSSCHNEIDEN

Zeitpunkt: Ab Kirschblüte bis Anfang Juli.
Material: Küchenmesser, Eimer, Sonnenwachsschmelzer.

Die Drohnenrahmen werden alle zwei bis drei Wochen bei den Durchsichten ausgeschnitten, und zwar immer erst dann, wenn sie zu zwei Dritteln verdeckelt sind. Da Sie auf jeder Zarge einen eingehängt haben, wird wöchentlich jeweils einer ausgeschnitten. Sie ziehen dazu den Drohnenrahmen, fegen ihn vorsichtig ab (bitte alle Bienen in das Volk fegen), halten den jetzt bienenfreien Rahmen über den Eimer und schneiden dann mit dem Messer an allen Rähmcheninnenkanten entlang, bis die Drohnenwabe sich vom Rähmchen löst und in den Eimer plumpst.

Extratipp

Ein Lieblingsplatz der Königin ist der Drohnenrahmen. Sie hält sich extrem gern darauf auf (kein Wunder, sie ist halt gerne bei ihren Männern), daher bitte immer sehr vorsichtig beim Abfegen! Wer die Königin findet, kann sie auch mit den Fingern abfangen und zurück ins Volk geben.

Alle 14 Tage wird der Drohnenrahmen ausgeschnitten, mindestens wenn er zu ⅔ verdeckelt ist.

Der Drohnenrahmen wurde über dem Eimer ausgeschnitten. Vorsicht: klebt!

Die ausgeschnittenen Drohnenwaben werden im Sonnenwachsschmelzer ausgeschmolzen.

Diese ausgeschnittenen Drohnenwaben im Anschluss direkt in den Sonnenwachsschmelzer einlegen und ausschmelzen.

AUFSETZEN DES ZWEITEN HONIGRAUMS

Material: Eine Zarge mit Mittelwänden oder ausgebauten Honigwaben.
Zeitpunkt: Wenn der erste Honigraum zu mehr als zwei Dritteln gefüllt ist.

Wenn wir bei den Durchsichten feststellen, dass der erste Honigraum zu zwei Dritteln gefüllt ist, wird es Zeit für den zweiten Honigraum. Dazu heben wir den ersten Honigraum ab und stellen ihn zur Seite. Jetzt nehmen wir den zweiten, den neuen Honigraum, und setzen ihn genau auf den obersten Brutraum über dem Absperrgitter, wo vorher der erste Honigraum platziert war. Auf den neuen

Bienen sind sehr einfach zu verstehen, sie zeigen einem stets, was für sie am angenehmsten ist. Man muss diese Zeichen nur deuten und verstehen können. Das nennt sich Imkern!

Honigraum wird dann obendrauf der erste Honigraum gesetzt. Warum? Die Bienen nehmen so den neuen Honigraum viel schneller an. Sie müssen, um ihren alten Honigraum zu erreichen, durch den neuen Honigraum klettern. So nimmt dieser sehr schnell den Geruch des Volkes an und wird schneller angenommen und gefüllt. Würde man den neuen Honigraum oben aufsetzen, würden sich die Bienen niemals die Mühe machen, ihn zu besetzen – der alte wirkte wie eine Barriere.

SCHWARMKONTROLLE

Zeitpunkt: Ab Ende April bis Anfang Juli.

Schwarmkontrolle bedeutet, dass man die Waben nach Schwarmzellen (Weiselzellen, siehe Seite 15) absucht.

Versuchen Sie bitte nicht, die angeblich schnellere Kippkontrolle anzuwenden, damit erleiden Sie in den ersten Imkerjahren garantiert Schiffbruch. Auf solche zeitsparenden Arbeitsschritte umzusteigen, macht erst Sinn, wenn Sie wissen, wonach Sie wo suchen müssen.

Unten am Rähmchen sind die ersten Schwarmzellen angebaut worden.

Schwarmkontrollen werden bei den Durchsichten miterledigt. Dazu ziehen Sie wie gewohnt jedes einzelne Rähmchen, fegen es ab und schauen sich dann besonders die Rähmchenunterseiten genau an. Dort bauen die Bienen gerne Spielzellen: runde, große Zellen.

Die müssen gut beobachtet werden: glänzen sie und im Inneren ist eine weißliche Substanz (das Gelée royale) zu sehen, hat die Königin schon ein Ei hineingelegt und den Startschuss zum Schwärmen gegeben. Aus diesen Spielzellen werden dann in den nächsten Tagen Weiselzellen gebaut. Ab dem Moment, wo diese Zellen verschlossen werden, fängt die Uhr an zu ticken. Also müssen Sie unbedingt bei jeder Durchsicht darauf achten. Schwarmzellen kann man zwar sehr einfach mit dem Stockmeißel abkratzen, aber die Bienen werden brav jede Woche neue bauen. Sie werden sehr schnell das Gefühl haben, dass Sie immer einen Schritt hinterherhinken. Also müssen Sie den Bienen mehr Platz geben, damit sie anderweitig beschäftigt sind: Ziehen Sie Ableger.

Eine Spielzelle – aus ihr kann eine Weiselzelle entstehen.

ABLEGER (SAMMELBRUTABLEGER) ZIEHEN

Zeitpunkt: Mai/Juni, je nach Volksgröße mehrmals erforderlich.
Material: Eine Beute mit Boden, Mittelwänden, eine Zarge, Folie, Deckel, Gurt, Schaumstoff zum Verschließen des Fluglochs, ein Wassersprüher.

Gesunde Bienen vermehren sich ab Anfang Mai erheblich: Die Anzahl der Bienen steigt in der Hochsaison locker auf 50.000 Bienen pro Stock. Die Königin legt jetzt jeden Tag 2000 Eier und es ist nur eine Frage der Zeit, bis ein Unverhältnis zwischen Platz und Bienenmenge eintritt. Die Beute platzt bald aus allen Nähten. Der Urinstinkt der Bienen ist dann das Schwärmen. Die Hälfte der Bienen würde mit der alten Königin den Stock verlassen und sich anderswo eine neue Behausung suchen. Und genau da gibt es in der heutigen Zeit massive Probleme. Hohle Bäume existieren kaum noch und unbehandelt versterben Völker innerhalb von zwei Jahren an der Varroa. Bienen schwärmen zu lassen, ist nicht nachhaltig, sondern grob fahrlässig. Die einzig vertretbare Möglichkeit, Bienen schwärmen zu lassen, wäre, wenn Sie während der Schwarmzeit den ganzen Tag Ihren Bienenstand beobachten würden, wie es früher die Korbimker in der Lüneburger Heide gemacht haben.

← Ein Ableger wird vorbereitet: Boden, Deckel, Mittelwände.

Ableger bilden ist recht einfach, es kommt aber sehr auf den richtigen Zeitpunkt an. Wenn Ihnen z. B. bei den regelmäßigen Durchsichten auffällt, dass die Bienen richtiggehend aus der Beute quellen, ist der Zeitpunkt gekommen, einen Ableger zu bilden. Sie können auch bei Regen die untere Zarge ein wenig ankippen, wenn die Bienen bis zum Boden durchhängen; auch dann ist der richtige Zeitpunkt. Und natürlich: wenn Sie die ersten Schwarmzellen finden.

Wie bilde ich denn nun einen Ableger? Sehr angenehm ist es, wenn Sie einen stabilen Tisch mit an Ihren Bienenstand nehmen können. Auf den stellen Sie den Boden (Ausflug geschlossen) mit der Zarge und den Mittelwänden. Von den Mittelwänden nehmen Sie vier heraus, sodass in der Mitte eine Menge Platz ist. Dann heben Sie die beiden Honig räume von Ihrem Bienenstock ab und stellen sie zur Seite. Als nächstes entfernen Sie das Absperrgitter, geben etwas Rauch auf die Bienen und ziehen zuerst das Randrähmchen. Wenn dieses Rähmchen Honig enthält, fegen Sie die Bienen ab und hängen es in den Ableger. Für den Ableger brauchen Sie mindestens zwei Honigrähmchen. Der Ableger wird nur wenig Bienen haben, daher ist es erforderlich, sie gut mit Futter zu versorgen. Jetzt suchen Sie eine Brutwabe mit geschlossener Brut und fegen auch diese ab. Die hängen Sie in den Ableger. Die nächste Wabe, die der Ableger braucht, ist eine Brutwabe mit offener Brut, möglichst noch mit Stiften darauf, damit sich die Bienen im Ableger selbst eine neue Königin ziehen können. Auch diese Brutwabe wird abgefegt und in den Ableger gehängt.

An alle jetzt entstandenen Leerstellen im Bienenvolk werden die Mittelwände aus dem Ableger eingehängt. Dann das Absperrgitter auflegen und die Honigräume wieder aufsetzen. In unserem Ableger hängen jetzt zwei Honigwaben, zwei Brutwaben, je einmal geschlossene und offene Brut. Die Brut wird in die Mitte geschoben, daran die Honigwaben, außen die Mittelwände. Jetzt fehlen nur noch die Bienen. Entweder nimmt man die Bienen aus dem Honigraum, indem man einzelne Honigwaben in den Ableger abfegt, oder man entnimmt dem oberen Honigraum zwei Honigwaben, die man für einen Moment zur Seite stellt, stattdessen die beiden Brutwaben

Eine Brutwabe wird abgefegt für den Ableger.

Die Wabe wird nebelfeucht mit Wasser eingesprüht.

aus dem Ableger hineinhängt und die Beute dann wieder für rund 15 Minuten schließt. Danach wird der Honigraum geöffnet und man kann die jetzt wieder mit Bienen besetzten Brutwaben entnehmen, nebelfeucht mit dem Wassersprüher einsprühen und sofort in den Ableger hängen. So bekommt man die richtigen Bienen ohne Königin mit hinein in den Ableger. Der Ableger wird dann mit Folie und Deckel verschlossen. Gesichert mit einem Gurt, wird er für einen Tag an einen kühlen Ort gebracht (etwa den dunklen Keller), damit die Bienen in Ruhe als neues Volk zusammenfinden, sich aneinander gewöhnen.

Wenn Sie mehrere Völker besitzen, müssen Sie nicht von jedem Volk einen Ableger bilden. Sie können dann in einen Ableger Waben aus allen Völkern einhängen, das nennt man einen Sammelbrutableger.

Am nächsten Tag wird der Ableger an seinem neuen Standort aufgestellt und das Flugloch nur maximal zwei Zentimeter weit geöffnet, damit die wenigen Bienen ihren Stock verteidigen können. Wird der Ableger am eigenen Stand aufgestellt, fliegen einige der Bienen aus dem Ableger zurück in ihre Muttervölker – der Ableger wird dadurch etwas schwächer. Wenn man starke Ableger bilden möchte, stellt man sie an einem neuen Standort auf, der mindestens vier Kilometer vom alten entfernt sein sollte. Dann bleiben alle Bienen da und fliegen sich auf den neuen Standort ein. Stellen Sie ihn dagegen neben Ihren alten Bienenstock, fliegen die älteren Flugbienen zurück zu ihrem Mutterstock. Beide Varianten sind möglich.

In den nächsten Wochen bauen die Ablegerbienen sich eine neue Königin, und wenn alles gut geht, fängt diese dann nach etwa vier Wochen an, Eier zu legen.

Aus dieser Wabe basteln sich die Ablegerbienen eine neue Königin.

Die Brutwabe wird in den Ableger gehängt. →

Auf die Waben wird eine Abdeckfolie aufgelegt.

DIE ERSTE HONIGERNTE

Zeitpunkt: Wenn der Honig eine Restfeuchtigkeit von maximal 20 % (optimal wäre ein Wert unter 17–18 %) besitzt; etwa Anfang bis Mitte Juni, ca. 3 Wochen nach dem Verblühen der Rapsfelder.
Material für die Honigernte: Transportkarre, einige leere Zargen, Deckel, mehrere Bienenbesen, Refraktometer, Eimer zum Abfegen der Bienen, Erntehelfer.
Material für das Schleudern: Honigschleuder, Entdecklungsgeschirr und -gabel, Honigeimer oder Abfüller, Honigsieb, mindestens ein Helferlein, eine Kopfbedeckung und eine Schürze für jeden, der mithilft!

Bevor Sie mit der Honigernte beginnen, sollten Sie den Schleuderraum vorbereiten.

So kann eine Schleuderstraße aussehen.

Der Abfüller mit Nylonsieb.

Sie können auch in Ihrer Küche schleudern, wenn Sie diese dementsprechend vorbereiten. Alle Pflanzen und Tiere haben beim Schleudern Betretungsverbot. Müll vorher raus, Staubwischen und Bodenschrubben nicht vergessen. Papierhandtücher bereitlegen. Alles, was nicht weggeräumt werden kann, bitte abdecken. Der Raum sollte picobello sauber sein.

Sie benötigen einen stabilen Tisch für die Honigzargen und Platz für das Entdecklungsgeschirr.

Bauen Sie sich eine Schleuderstraße auf: Rechts neben den Tisch stellen Sie die Schleuder. Unter den Ablass der Schleuder kommt ein Honigeimer oder Abfüller mit eingehängtem Honig-Nylonsieb.

Benutzen Sie nicht die veralteten Metall-Doppelsiebe, die verstopfen nur. Auf den Tisch links neben die Schleuder wird das Entdecklungsgeschirr aufgestellt und links daneben die Honigzargen. Sollte der Tisch groß genug sein, werden links neben den Honigzargen Leerzargen für die ausgeschleuderten Honigwaben aufgestellt.

Dann ziehen Sie sich Ihren Imkeranzug an und gehen zu Ihren Bienen, um den Honig zu ernten. Bei der letzten Durchsicht haben Sie sich überzeugt, dass der

Die Waben, die geschleudert werden sollen, müssen abgefegt werden.

Honig im Honigraum überwiegend reif ist. Entweder ist er verdeckelt oder Sie haben einzelne Proben mit dem Refraktometer gemessen und sich überzeugt, dass die Restfeuchtigkeit bei der am wenigsten verdeckelten Wabe weit unter 20 % lag.

Stellen Sie sich einen Tisch an Ihren Bienenstock und darauf eine Leerzarge, den ersten Honigraum und den Eimer. Schließen Sie das Volk mit dem Deckel. Jetzt ziehen Sie aus dem Honigraum die erste Wabe, die Sie schleudern möchten, und fegen sie über dem Eimer ab.

Extratipp

Legen Sie den Zeitpunkt für die Honigernte am besten in die frühen Morgenstunden. Dann haben die Bienen noch keinen frischen Nektar eingebracht. Dieser ist viel zu feucht und verschlechtert dadurch die Honigqualität. Perfekte Schleudertage sind die, an denen es zuvor ein oder mehrere Tage geregnet hatte und die Bienen nicht zum Sammeln ausfliegen konnten.

Diese Wabe hängen Sie dann in die Leerzarge ein und schließen diese sofort mit dem Deckel. Wenn Sie das nicht tun würden, flögen die Bienen aus dem Eimer sofort wieder auf die Wabe zurück. Falls Sie Erntehelfer dabeihaben, kann die Leerzarge auch etwas entfernt vom Bienenstand in eine Transportkarre gestellt werden. Der Helfer nimmt dann die abgefegte Wabe von Ihnen entgegen und hängt sie in die Leerzarge ein – so bleiben die Waben besser bienenfrei. Nach demselben Muster verfahren Sie

Hängen Sie die abgefegte Wabe in eine Leerzarge.

Extratipp
Bitte zum Honigernten keinen Smoker verwenden, denn Honig nimmt Gerüche an. Er würde sonst wie frisch geräuchert schmecken …

mit dem ganzen Honigraum. Waben, die nicht schleuderreif sind, werden gleich wieder in den Honigraum eingehängt.

Danach kommt der zweite Honigraum an die Reihe. Wenn das erste Volk abgeerntet ist, werden alle abgefegten Bienen vor das Volk auf den Boden geschüttet. Lehnen Sie als Aufstiegshilfe ein kleines Brett an den Einflug, damit alle Bienen wieder zurück in ihre Beute finden. Sofort nach dem Abernten der Honigwaben wird jedes Volk umgehend wieder geschlossen. Nach dem Abernten aller Völker wird dann die Transportkarre mit den Honigwaben zum Schleuderraum geschoben.

Sollte sich der Schleuderraum nicht auf Ihrem Grundstück befinden, müssen Sie die Zargen unter Umständen mit dem Auto transportieren. Dann legen Sie auf jeden Fall eine Folie unter, sonst klebt anschließend der ganze Lade- oder Kofferraum.

Versuchen Sie die Honigwaben direkt im Anschluss an die Ernte zu schleudern – dann lassen sich die Waben hervorragend entdeckeln und der Honig fließt wunderbar heraus. Kühlt er dagegen aus, verstopft das Sieb und alles macht nur halb so viel Spaß.

Wenn die Honigwaben in den Zargen auf Ihrem Tisch stehen, kann es losgehen. Nehmen Sie die erste Wabe aus der Zarge und legen Sie sie auf das Entdecklungsgeschirr.

Dann nehmen Sie die Entdecklunggabel in die Hand, setzen sie unten am Rand an und schieben sie knapp unter den Wachsdeckelchen nach oben bis zum Oberträger. Dazu das Rähmchen mit der zweiten Hand an der Seite festhalten, nicht am Oberträger! Denn sollten Sie beim Entdeckeln abrutschen, würden Sie sich sonst die Entdecklungsgabel in die Hand rammen – was sehr schmerzhaft wäre.

Die Gabel gleitet wie ein Schlitten auf der Wabe knapp unter den Deckelchen entlang. Am Anfang ungewohnt, doch nach der zehnten Wabe haben Sie den Dreh heraus. Die Gabel zwischendurch immer mal am Rand abstreichen. Wenn eine Seite vollständig geöffnet ist, die Honigwabe wenden und von der anderen Seite entdeckeln. Dabei die Wabe bitte immer über dem Entdecklungsgeschirr

Auf dem Weg zum Schleuderraum – am besten mit viel Gerumpel. ⟶

Extratipp

Rumpeln Sie ruhig mit dem Gefährt, halten Sie alle paar Meter einmal an und lüften Sie kurz den Deckel. Einige der Bienen, die sich noch auf den Waben befinden, fliegen dann heraus. Denn: Bienen mögen keine Erschütterungen. So ist es viel einfacher, als wenn Sie im Schleuderraum ständig Bienen einfangen müssen.

Honigwaben entdeckeln …

… und in die Schleuder einhängen. ⟶

Extratipp

Wenn Sie mit Unterstützung schleudern, versuchen Sie die Arbeit so aufzuteilen, dass nur einer klebrige Finger hat – und zwar derjenige, der entdeckelt. Der, der an der Schleuder steht, fasst keine Waben an, sondern öffnet und dreht nur die Schleuder.

wenden, weil sonst der Honig aus ihr heraustropft. Versuchen Sie so sauber wie möglich zu arbeiten, sonst klebt der Fußboden sehr schnell. Jede entdeckelte Wabe wird dann direkt in die Honigschleuder eingehängt.

Sobald vier Waben entdeckelt und in die Schleuder eingehängt sind, werden sie langsam und kurz angeschleudert.

Vergisst man das, gibt es Wabenbruch! Danach werden die Waben gewendet, die innere Seite also jetzt nach

So sieht dann eine ausgeschleuderte Wabe aus.

außen gedreht, und mit Schwung geschleudert. Anschließend werden sie ein zweites Mal gedreht und nun komplett ausgeschleudert. Ein kompletter Schleudergang dauert nur wenige Minuten und ist kein Kraftakt. Die jetzt leeren Waben werden in die leere Zarge eingehängt. Im Anschluss werden die nächsten vier Waben entdeckelt und so weiter, bis alle Waben ausgeschleudert worden sind.

Extratipp

Achten Sie darauf, dass die gegenüberliegenden Waben in der Schleuder gleich schwer sind. Gibt es grobe Gewichtsunterschiede, wandert und rumpelt die Schleuder wie eine alte Waschmaschine.

Gleich nachdem die ersten Waben ausgeschleudert worden sind, beginnt der Honig aus der Schleuder durch das Sieb in den Eimer zu fließen.

Achten Sie immer darauf, wie voll der Eimer ist, nicht dass er überläuft. Und darauf, dass sich der Ablass der Schleuder stets mittig über dem Eimer befindet. Falls die Schleuder wandert, landet der Honig sonst eventuell auf dem Fußboden statt im Eimer, was sehr schade wäre.

Sind alle Waben ausgeschleudert, wird die Schleuder ausgeschabt, und dann – wenn der komplette Honig herausgeflossen ist – die Honigeimer mit einem Deckel geschlossen. Bevor nun geputzt und alles weggeräumt wird, werden die ausgeschleuderten Honigwaben zurück zu den Völkern gebracht. Haben Sie viele Helfer zur Hand, können diese Arbeiten auch aufgeteilt werden. Das Saubermachen ist sicherlich die Arbeit, die am längsten dauert.

Bitte ziehen Sie dazu wieder Ihren Imkeranzug an. Dann nehmen Sie die Zargen mit den ausgeschleuderten Honigwaben mit zum Bienenstand. Jetzt können Sie wieder mit dem Smoker arbeiten. Öffnen Sie die Beuten und hängen Sie die Honigwaben in die Leerstellen des Honigraums ein. Oder Sie setzen die kompletten Zargen auf das Volk zurück. Bei mehreren Völkern ist es nicht wichtig, woher die Honigwaben ursprünglich kamen: Alle Völker akzeptieren alle ausgeschleuderten Honigwaben, egal von welchem Volk diese abgeerntet wurden. Die Bienen schlecken innerhalb von nur einem Tag die Waben aus und reparieren sie. Anschließend werden sie genutzt wie zuvor auch: zum Honiglagern.

Zurück in die Honigküche: Das Entdecklungsgeschirr wird demontiert, der gesamte Honig in ein in einen Eimer eingehängtes Honigsieb gekratzt. Erst dann werden alle Teile gesäubert. Auch die Honigschleuder wird demontiert, gereinigt und wieder zusammengebaut.

Danach können Sie sich um den Tisch und den Fußboden kümmern. Trösten Sie sich, bei jeder Honigernte werden Sie dazulernen und so jede Menge Zeit einsparen können.

Extratipp

Alle Geräte werden mit maximal handwarmem Wasser (bei heißem Wasser würde sich das Wachs lösen) ohne Zusatz von Reinigungsmitteln gesäubert. Sämtliche Gegenstände sollten danach an der Luft, nicht mit Tüchern getrocknet werden, weil die fusseln würden. Achtung: Bitte nicht draußen, sondern im Haus trocknen! Sonst könnten Sie Honig-Räuberei von Bienen aus Ihrer Umgebung auslösen, die den Honig sofort riechen und vorbeifliegen würden.

FRÜHJAHRSHONIG VERARBEITEN

Der geerntete Honig muss in den nächsten Tagen mehrfach abgeschäumt werden.

Der Schaum setzt sich an der Oberfläche ab und wird mithilfe eines Teigschabers abgenommen. Dieser Schaum besteht aus winzigen Wachsteilchen – die könnten zwar mitverzehrt werden, dürfen jedoch laut Honiggesetz nicht mit ins Glas.

Danach sollte der Honig jeden Tag mit einem Honigrührer gerührt bzw. gestampft werden.

Im Frühjahrshonig bilden sich sehr schnell Kristalle, die durch die mechanische Bewegung des Rührens zerkleinert werden. Dadurch wird der Honig cremig. Wenn er nach wenigen Tagen schimmert wie Haarshampoo, fester geworden ist und beginnt, sich in Lagen zu legen, muss er abgefüllt werden, sonst wird er im Eimer fest.

Der Honig muss am nächsten Tag abgeschäumt werden.

Mit einem Honigrührer wird der Honig gestampft und gerührt. ⟶

Zum Abfüllen stellt man einen Edelstahl-Abfüller auf einen Tisch und kippt den Honig aus dem Eimer hinein. Dann setzt man sich – nachdem man genügend Gläser auf den Tisch gestellt hat – bequem davor und beginnt mit dem Abfüllen.

In die eine Hand das Glas, die andere Hand öffnet und schließt den Abfüllhahn. Ist ein Helfer dabei, kann der die Honiggläser schließen.

Der Honig sollte dann so kühl wie möglich gelagert werden, 15 °C wären klasse. Je wärmer der Honig lagert, desto kürzer ist seine Haltbarkeit. Außerdem muss der Lagerraum dunkel, geruchsfrei und trocken sein, da Honig Feuchtigkeit anzieht. Bitte den Honig nicht in den Kühlschrank stellen, ein kühler, trockener Kellerraum ist optimal.

Die Gläser müssen korrekt befüllt werden, bitte unbedingt mit einer geeichten Waage arbeiten (wir Imker sind per Gesetz dazu verpflichtet!).

DIE WEITEREN DURCHSICHTEN

Zeitpunkt: Juni/Juli.

Nach der ersten Honigernte müssen wir bei den Durchsichten auch auf den Futterzustand im Volk achten. Häufig gibt es nach Raps- und Obstblüte eine Trachtlücke, bevor wenige Wochen später die Linde blüht. Man nennt diese Zeit auch Läppertracht. Sind die Völker jetzt sehr groß geworden und es blüht nicht genug in der näheren Umgebung, kann es sein, dass die Bienen hungern. Sie bemerken das bei den Durchsichten, wenn die Zargen sehr leicht sind, die Brutwaben keine Futterkränze mehr haben oder Ihre Völker auf einmal übellaunig sind. Dann haben die Damen Hunger. Entweder spendieren Sie den Völkern den eigenen Honig oder Sie hängen Honigwaben aus den Honigzargen in die Bruträume. Bitte füttern Sie keinen Zucker, der verfälscht den Honig.

Des Weiteren achten Sie bitte auf die Drohnenrähmchen, und wenn nötig, bilden Sie Ableger. Auch jetzt müssen Sie noch Schwarmkontrollen machen.

⟵ Ein Prachtexemplar von Schwarm, perfekt zum Abschlagen.

EINEN BIENENSCHWARM EINFANGEN

Zeitpunkt: Mai bis Ende Juni.
Material: Ein großer Eimer (25 Liter) oder eine Schwarmfangkiste, Bienenbesen, Wassersprüher, Imkerschutzkleidung, Leiter, (eine Bienenbeute, Gurt, Honigwaben zum Einquartieren am nächsten Tag).

Eines der schönsten Ereignisse im Leben eines Imkers ist sicherlich das Einfangen des ersten Bienenschwarms. Entweder fängt man einen Schwarm am eigenem Bienenstand, weil man eine Schwarmzelle übersehen hat, oder irgendwo in der Umgebung (weil ein anderer Imker nicht aufgepasst hat) oder man wird telefonisch durch einen besorgten Bürger angefragt.

In der Schwarmzeit ist es immer gut, die erforderlichen Gerätschaften schnell zur Hand zu haben. Werden Sie angerufen, fragen Sie immer in welcher Höhe der Schwarm hängt und ob Leitern vorhanden sind. Hängt der Schwarm in unerreichbarer Höhe, lassen Sie ihn dort, bevor Sie sich den Hals brechen. Bringen Sie sich nicht durch waghalsige Kletterpartien selbst in Gefahr.

Das alles sollten Sie für den Schwarmfang parat halten: Eimer oder Schwarmfangkiste, Wassersprüher, Bienenbesen, Gurt und Absperrgitter.

Schwärme gelten in der Regel als friedfertig, die Bienen haben jetzt ganz andere Probleme als sich zu verteidigen. Trotzdem würde ich immer empfehlen, einen Imkerschutzanzug anzuziehen – es kann auch vorkommen, dass Kinder den Schwarm mit einem Fußball vom Baum geschossen haben und die Bienen nicht mehr so gut drauf sind.

Wenn Sie mit Ihrem Material beim Schwarm angekommen sind, schauen Sie, wie Sie ihn am besten in den Eimer bekommen. Bevor Sie loslegen, bitte den ganzen Schwarm mehrmals nebelfeucht mit Wasser einsprühen: Damit wird verhindert, dass die Bienen wieder auffliegen. Dann stellen Sie den Eimer unter den Schwarm und schlagen mit der flachen Hand gegen den Ast (falls der Schwarm sich dort niedergelassen hat). Durch den Schlag lassen die Bienen los und fallen wie Perlen in den Eimer. Sofort den Deckel auf den Eimer legen, schließen und einen kleinen Moment warten, bis sich die restlichen aufgeflogenen Bienen auf dem Ast niedergelassen haben. Sie landen wieder an der gleichen Stelle, weil die Königin den Ast mit ihrem Pheromon markiert hat. Dann geht es in die zweite Runde. Schwarm wieder einsprühen, den Eimer mit den Bienen kurz auf den Boden aufstauchen, öffnen und den Schwarm wieder abschlagen, Eimer wieder zu. Das müssen Sie mindestens drei- bis viermal hintereinander machen, bis Sie alle Bienen im Eimer haben. So können Sie dann ziemlich sicher sein, das die Königin mit dabei ist.

Anschließend den Eimer in den Schatten stellen, aufräumen und ab nach Hause. Manchmal müssen Sie die Bienen auch aus einer Hecke schneiden, indem Sie mit einer Gartenschere einzelne Zweige abknipsen oder Äste absägen und die dann in den Eimer schütteln. Manchmal muss man den Schwarm auch irgendwo abfegen. Es gibt Hunderte von Möglichkeiten, wo sich Schwärme niederlassen. Und so erfordert es mitunter eine Menge Kreativität, einen Schwarm einzufangen.

Spätestens zu Hause werden die Bienen in eine Schwarmfangkiste gekippt (vorher nebelfeucht mit Wasser einsprühen), damit sie Luft bekommen. Ein Schwarmfangkasten hat an Boden wie Deckel einen Gittereinsatz

Die Schwarmfangkiste hat große Metallgitterflächen, damit die Bienen viel Luft bekommen.

Der Schwarm beim Einlaufen in sein neues Zuhause.

zur besseren Lüftung. Die Bienen werden jetzt sehr laut und aufgeregt sein. Immer wieder ein bisschen Wasser aufsprühen, damit die Bienen herunterkühlen und sich beruhigen. Haben Sie eigenen Honig, können Sie einen Löffel davon oben auf das Gitter träufeln. Aber keinen gekauften Honig nehmen, der kann Sporen der Amerikanischen Faulbrut enthalten. Die Bienen bleiben eine Nacht in Kellerhaft, am nächsten Tag kommen sie in eine Beute.

Wenn die Bienen sich schnell beruhigen, können Sie fast sicher sein, dass die Königin mit im Volk ist. Haben Sie die Königin nicht mit eingefangen, beruhigen sich die Bienen nicht, sie verbrausen (das „Brausen“ ist sehr laut, Sie hören es sogar durch geschlossene Türen). Wenn das Volk sich auch nach mehrmaligem Besprühen mit Wasser innerhalb von zwei Stunden nicht beruhigt: bitte wieder freilassen! Die Bienen produzieren so viel Hitze, dass sie sonst sterben würden.

Zum Schwarm-Einquartieren brauchen Sie am nächsten Tag eine Beute mit Mittelwänden, ein Drohnenrähmchen und mindestens zwei Honigwaben. Stellen Sie die Beute an ihren Platz, Flugloch komplett geöffnet. Legen Sie ein Brett an den Einflug und kippen Sie die Bienen aus der Schwarmkiste vor das Brett.

Die Bienen werden jetzt innerhalb der kürzesten Zeit in die Beute hineinlaufen. Vielleicht haben Sie Glück und Sie sehen die Königin.

Einen Schwarm einlaufen zu lassen ist ein tolles Erlebnis, das man nicht so schnell wieder vergisst. Dieses neue Volk wird genau wie Ihre anderen Völker jede Woche einmal durchgesehen. Ihr Schwarm baut innerhalb der nächsten Tage alle Mittelwände aus und seine Königin geht in Eilage. Sollte beim Schwarm keine Königin dabei gewesen sein, ziehen die Bienen in der Regel weiter.

DIE SOMMERHONIG-ERNTE

Zeitpunkt: Anfang bis Mitte Juli, drei Wochen nach dem Abblühen der Linde (Seite 104).
Material: Siehe „Die erste Honigernte“ (Seite 124).

Der einzige Unterschied zwischen der Frühjahrshonig-Ernte und der Sommerhonig-Ernte ist der Charakter, die Friedfertigkeit der Bienen. Was im Frühjahr so nett und einfach wird, etwa Bienen abfegen etc., sieht bei der Sommerernte ganz anders aus. Die Bienen spüren, dass die Blütenpracht vorbei ist, und jetzt kommt einer daher und klaut den Honig! Darauf haben die Bienen absolut keinen Bock. Außerdem werden Sie bei der Ernte von fremden Bienen beobachtet, die nichts anderes im Sinn haben als kriminell zu werden: Sie wollen den Honig klauen und zwar gewaltsam. Daher empfehle ich Ihnen dringend, die Sommerhonig-Ernte in die frühen Morgenstunden zu legen, wenn noch nicht so viel Flugverkehr herrscht. Bei dieser Ernte ziehe ich mich besonders penibel an und achte auf gut geschlossene Stulpen und hohe Gummistiefel. Lege Sie einen Zahn zu, dann sind Sie fertig, bevor es die Bienen mitbekommen.

Die eigentliche Ernte läuft genauso ab wie im Frühjahr. Nur bei der Honigverarbeitung gibt es Unterschiede. Der Sommerhonig kristallisiert wesentlich langsamer, teilweise ist er noch um Weihnachten herum flüssig.

Und es gibt noch einen Unterschied. Sie geben die ausgeschleuderten Waben nur für eine Nacht auf die Völker. Diese Honigräume müssen gleich am nächsten Morgen von den Völkern abgenommen werden, inklusive der Absperrgitter, die jetzt nicht mehr benötigt werden (die Bienen würden sonst sofort wieder anfangen, Nektar in den Honigräumen abzulagern).

Extratipp

Um den Sommerhonig schnell abfüllen zu können, kann man ihn animpfen. Dazu einfach ein Glas vom Frühlingshonig verflüssigen (bei maximal 40 °C) und nach dem Abschäumen in den Sommerhonig einrühren. Der Frühlingshonig liefert die Kristallisationskeime und fördert das Cremigwerden des Honigs. Dann wie beim Frühjahrshonig täglich stampfen und schließlich abfüllen. Füllt man den Sommerhonig flüssig ab, wird er steinhart und kristallisiert sehr grob aus.

Wachsmotten halten sich in jedem Bienenstock auf, meist in Bodenspalten. Gesunde Völker haben damit kein Problem. Wenn die Motten den Boden verlassen und in die Zargen gehen, werden sie von den Bienen erkannt und rausgeworfen. Wachsmotten werden allerdings im Winter zum Problem, falls die Völker viel zu klein oder nicht gesund sind. In der Natur waren Wachsmotten für die alten Waben zuständig, quasi als Gesundheitspolizei. So wurden verlassene Nester entfernt.

Mit getrockneten Blättern mottenfrei durch den Winter.

Die Honigräume kommen dann in das Winterlager für das nächste Jahr. Geben Sie bitte in jede Zarge maximal sieben Honigwaben hinein, denn Wachsmotten (siehe Seite 42) hassen Zugluft. Lagern Sie die Honigwaben möglichst an einem kühlen und bienendichten Ort.

Um einen Mottenbefall zu verhindern, stellen Sie die Honigzargen alle übereinander (Kamineffekt), zuunterst eine Palette und ein mottendichtes Gitter. Obenauf bitte ebenfalls ein Gitter. Auf dieses Gitter können Sie als zusätzlichen Schutz vor Motten noch Wurmfarn, Walnussblätter oder getrockneten Lavendel legen. Von Essigsäure rate ich dringend ab, da die Säure stark ätzende Dämpfe freisetzt, die zusätzlich auch noch beißend stinken.

Die so eingelagerten Honigräume müssen Sie trotzdem regelmäßig auf Mottenbefall untersuchen, mindestens einmal im Monat! Die allgemeine Imkermeinung behauptet zwar, dass Wachsmotten nicht an Honigwaben gehen, aber das Gegenteil ist der Fall, und nichts ist ärgerlicher, als wenn im nächsten Jahr alle Waben von Mottengespinsten durchzogen sind.

Nach der letzten Schleuderung können die Drohnenrahmen aus den Völkern herausgenommen werden und die Durchsichten werden eingestellt. Jetzt wird nur noch eingefüttert und gegen die Varroa behandelt. Anschließend haben Sie und Ihre Bienen Urlaub bis ins nächste Jahr, abgesehen von der Oxalsäurebehandlung im Dezember.

EINFÜTTERUNG

Zeitpunkt: Direkt nach der Sommerhonig-Ernte.
Material: Futterzargen (eine pro Volk), angerührte Zuckerlösung oder vergleichbarer Sirup, Schaumstoffstreifen, um das Flugloch zu verkleinern, oder Fluglochkeile, Folie (Abdeckfolie aus Kunststoff, alternativ lebensmittelechte dicke Folie).

Direkt nach der letzten Honigschleuderung sollte eingefüttert werden. Pro zweizargigem Volk müssen Sie mit 20 Kilogramm Zucker rechnen. Dieser Zucker muss vorher mit Wasser angerührt werden, im Verhältnis 2:3, also zwei Teile Wasser mit drei Teilen Zucker (Haushaltszucker). Nehmen Sie sich einen großen Honigeimer (25 Liter), befüllen Sie ihn mit acht Litern kaltem Wasser und lassen Sie dann 12 Kilogramm Zucker einrieseln. Ständiges Rühren nicht vergessen – das kostet eine Menge Kraft. Diese Lösung dann über Nacht einsumpfen lassen und am nächsten Tag weiterrühren, bis die Lösung so klar ist, dass Sie den Boden sehen können. Alternativ können Sie im Imkereifachhandel fertigen Zuckersirup kaufen.

Extratipp

Versuchen Sie im ersten Jahr, die Finger von einer Honigeinfütterung zu lassen, sonst bringen Sie Ihre Völker um. Die Bienen können weder auf Frühlingshonig überwintern noch auf Spätsommerhonig. Der erste kandiert und ist dann unlösbar für die Bienen, der letztere enthält zu viel Mineralstoffe und bringt die Bienen dazu, im Winter im Stock abzukoten. Beides ist tödlich für Bienen. Der Trick an der Zuckereinfütterung ist der, dass der Raffinadezucker keine Mineralstoffe enthält und so sehr gut für die Bienen verdaulich ist. Wenn Sie das Imkern verstanden haben, können Sie auf Honigfütterung umsteigen.

Rühren Sie so viel Zucker an, wie Sie insgesamt benötigen: für ein Volk 20 Kilogramm. Gefüttert wird grundsätzlich abends oder bei Regen, damit Sie keine Räuberei auslösen. Bienen von anderen Völkern patrouillieren bei Ihren Bienen. Wenn sie Futter riechen, versuchen sie es zu klauen und überfallen Ihre Völker.

Bevor Sie mit dem Einfüttern beginnen, müssen Sie die Einfluglöcher bis auf zwei Zentimeter, am besten mit Schaumstoffstreifen oder Fluglochkeilen, verkleinern.

Vor dem Einfüttern müssen die Fluglöcher stark verkleinert werden.

Jetzt werden die Bienen mit selbstangerührtem Zuckersirup eingefüttert.

So können die Bienen nicht ausgeräubert werden. Zum Füttern öffnen Sie das Volk, geben Rauch hinein und setzen die Futterzarge auf. Dann gießen Sie vorsichtig die Zuckerlösung hinein.

Bitte nicht kleckern oder überfüllen. Danach die Folie auflegen und sofort den Deckel schließen. Wenn Sie gekleckert haben, sofort alles mit Wasser wegspülen. Die Futterzarge gleich am nächsten Tag kontrollieren, nachfüllen oder, wenn alles eingefüttert worden ist, mit Rauch abnehmen.

Die Einfütterung sollte Anfang September beendet sein – wenn es tagsüber zu kühl ist (unter 12 °C), werden die Bienen das Zuckerwasser nicht mehr abnehmen. Wenn Sie fertig eingefüttert haben, wiegen Sie zur Kontrolle Ihre Völker. Es kann durchaus sein, dass nicht jedes Volk gleich schwer ist, obwohl Sie überall die gleiche Menge hineingegeben haben. Mitunter bedienen sich auch andere Völker an dem Zuckerwasser.

Achtung!

Bienen können nicht schwimmen. Je nachdem, wie Sie auffüttern, brauchen Sie eventuell Aufschwimmkörper wie Korken oder Stroh (siehe auch Seite 44), damit die Bienen nicht im Zuckerwasser ertrinken.

RÄUBEREI VERHINDERN

Zeitpunkt: Nach der Sommerhonig-Ernte bis in den Herbst.

Wenn Sie Ihre Bienen füttern und dabei mit Zuckerwasser kleckern, legen Sie eine Fährte für Spurbienen von anderen Völkern. Diese Bienen geben die Information an ihr eigenes Volk weiter und blasen dann zum Angriff. Ziel: Zucker klauen! Wenn Ihr Volk zu klein ist und Sie das Flugloch nicht einengen, haben Ihre Bienen keine Chance, sich gegen die räubernden Bienen zu verteidigen. Die Räuber bringen Ihre Königin um, reißen alle Futterwaben auf und nehmen das Futter mit. Zurück bleibt ein gemetzelter Haufen toter Bienen und zerstörte, beschmutzte Waben. Durch Räuberei kann man innerhalb einer Stunde ein gesamtes Volk verlieren. 95 % aller Räubereien entstehen durch Imkerfehler. Die einzige Möglichkeit, eine Räuberei zu unterbinden, ist, das Volk sofort zu schließen und mindestens drei Kilometer weiter wegzubringen.

Daher bitte stets beim Einfüttern sehr sauber arbeiten, eventuelle Zuckertropfen mit viel Wasser abspülen und das Flugloch immer stark reduzieren.

Ableger können auch beräubert werden, wenn das Flugloch nicht der Volksgröße angepasst ist. Auch Wespen räubern gerne ganze Bienenvölker aus.

VARROABEHANDLUNG

Zeitpunkt: Direkt nach der letzten Schleuderung. Nach, vor oder zwischen den Einfütterungen.
Material: Ameisensäure (60%ig, ad us. vet) , ein handelsüblicher Verdunster, Messbecher, säurefeste Handschuhe, Schürze, Gummistiefel, Schutzbrille.

Seit dem 28.01.2022 ist ein neues Tierarzneimittelgesetzt (EU TAMVO 2019/6) europaweit in Kraft getreten. Das bedeutet unter anderem, dass die Varroa Behandlung mit dem Schwammtuch, mit einer einzigen Ausnahme, komplett verboten

Die Einzelteile eines Verdunsters.

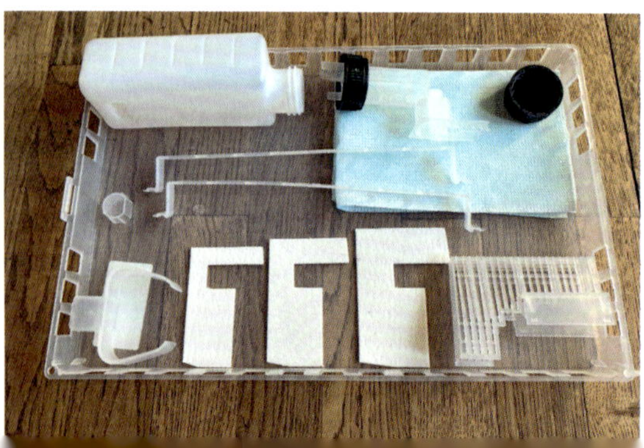

Der Verdunster ist fertig zusammengebaut.

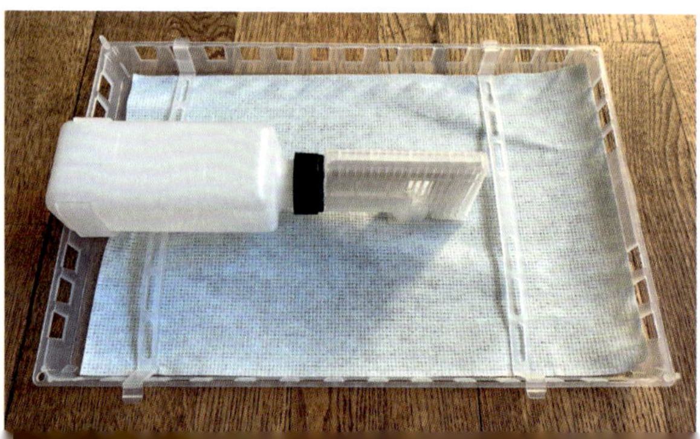

Der Verdunster wird oben auf die Oberträger gelegt.

Achtung!
Unbedingt die Tagestemperaturen beachten: Nicht bei mehr als 25 °C und nicht bei unter 15 °C behandeln sowie nicht bei Regen!

wurde. Die Serum Firma Bernburg hat eine Einzelzulassung für die Schwammtuchmethode erwirkt. Also darf man die Schwammtuchmethode nur noch mit der speziellen Ameisensäure von Bernburg anwenden, die allerdings sehr teuer ist.

Es besteht eine Dokumentationspflicht für jede Varroabehandlung. Erkundigen Sie sich bitte bei Ihrem Imkerverein oder den Landesverbänden. Sehr gute Behandlungserfolge können Sie etwa mit einem Verdunster erzielen.

Achtung!
Ameisensäure ist stark ätzend. Bitte bei der Verwendung Schutzausrüstung tragen und Wasser zum Abspülen bereitstellen!

Einige der Verdunster werden unmontiert verkauft, Sie müssen vor der Behandlung erst einmal zusammengebaut werden.

Die meisten Verdunster bestehen aus einem Kanister, in den die Ameisensäure hineingefüllt wird, einem Docht, der die Säure auf eine Verdunstungsfläche leitet, und einem Vlies, der eigentlichen Verdunstungsfläche. Docht und Vlies sind Verbrauchsartikel und können als Ersatzteile nachgekauft werden.

Jedem handelsüblichen Verdunster liegt eine umfangreiche Gebrauchsanleitung bei. Diese sollten Sie unbedingt vor der Behandlung aufmerksam durchlesen. Hier können Sie unter anderem erfahren, wie sie die richtige Dosierung der Ameisensäure ermitteln, sowie Dauer und Häufigkeit der Behandlungen.

Der Verdunster wird in der Regel innerhalb einer Leerzarge oben auf den Brutraum gesetzt. Achten Sie unbedingt vor dem Aufsetzen darauf, dass das Volk waagerecht steht.

Exkurs

Spielregeln für den Winter

Im Winter genießen die Bienen nicht nur Urlaub, sondern eine ganz besondere Schutzzeit. Akzeptieren Sie dies, werden Ihnen die Bienen im neuen Jahr wieder viel Freude machen, nachdem sie den Winter gut geschützt überstanden haben.

Die Beute muss im Winter zwingend mit Vogelnetzen geschützt werden, wenn Meisen beginnen, am Einflug Bienen zu fressen.

In der kalten Jahreszeit, wenn die Temperatur unter 10 °C fällt, brauchen die Bienen absolute Ruhe. Im Winter sind Baumfällaktionen und Plattenarbeiten in direkter Nähe von Bienenständen tabu. Durch die Vibration des Bodens würden die Wintertrauben abreißen, die Bienen verklammen und versterben.
In dieser Jahreszeit steht den Bienen nur der Nahrungsvorrat zur Verfügung, den sie eingelagert haben. Wenn sie in dieser Zeit gestört werden, regen sie sich auf und verbrauchen daher sehr viel Energie und Futter.
Im ungünstigsten Fall würde das Futter zu schnell verbraucht werden und die Bienen verhungern.

Störungen können auch durch Meisen und Spechte verursacht werden. Sie klopfen an den Beuten und locken die Bienen zum Einflug, um sie dort zu fressen. Der Specht kann Löcher in Beuten hacken und ein ganzen Volk verspeisen. Dann muss die Bienenbehausung mit Vogelnetzen gesichert werden. Äste, die von Bäumen auf die Beuten fallen, sind genauso schlecht wie Kinder, die Schneebälle auf Beuten werfen. Mäuse können die Bienen stören, indem sie als Untermieter bei ihnen einziehen. Sie fressen Bienen, Waben und Honig auf.

Unabhängig von meiner Empfehlung der Varroabehandlung gibt es 1000 andere Behandlungsarten und -zyklen. Aber Vorsicht: Viele sind auch nicht zugelassen. Informieren Sie sich bitte in Ihrem Imkerverein oder besuchen Sie entsprechende Kurse in den Landesverbänden.

Der Boden wird von unten geschlossen, das Flugloch komplett geöffnet. Jetzt beobachten Sie den Einflug. Wenn die Bienen normal weiterfliegen, ist alles ok. Beginnen sie aber aus dem Flugloch zu quellen, entfernen Sie sofort das Schwammtuch. Vielleicht ist es zu warm? Dann bitte das Tuch erst in den kühleren Abendstunden erneut einlegen, sonst riskieren Sie, die Königin zu verlieren. Nach ein bis drei Tagen sollte die Ameisensäure komplett verdunstet sein. Halten Sie eine Wartezeit von vier bis fünf Tagen ein, anschließend das zweite Mal behandeln. Sie können auch die Reihenfolge ändern, indem Sie eine Portion einfüttern, eine Woche warten, damit das Zuckerwasser von den Bienen getrocknet werden kann, und im Anschluss daran die erste Ameisensäurebehandlung durchführen. Sie können, wenn Sie sich an die Spielregeln halten, sehr flexibel reagieren. Füttern funktioniert auch wunderbar bei Hitze oder Regen.

Wichtig ist nur, dass Sie auf jeden Fall drei Mal mit dem Schwammtuch behandeln und schnell nach der letzten Schleuderung die Völker einfüttern. Fertig mit allem sollten Sie Anfang September sein.

MÄUSEGITTER EINSETZEN

Zeitpunkt: Wenn die Tagestemperaturen unter 10 °C liegen.
Material: Mäusegitter mit Maschenweite 0,8–1 Zentimeter.

Wenn es kühl wird und die Bienen beginnen, in der Wintertraube zu hängen, können sie eine Maus, die sich für den Winter in der Beute einquartiert, nicht mehr vertreiben. Daher müssen Sie vorher unbedingt Mäusegitter einsetzen. Die Fluglöcher sollten den ganzen Winter komplett geöffnet bleiben, jedoch geschützt durch ein engmaschiges Gitter. Falls es die Maus in die Bienenbeute schafft, verlieren Sie Ihr Volk: Der kleine Nager frisst die Bienen und den Honig, manchmal auch die Waben. Im Frühjahr werden Sie dann bei der ersten Kontrolle eine ziemlich fette Maus in Ihrer Beute finden, Bienen eher weniger.

Sobald der erste Frost kommt, müssen zwingend Mäusegitter eingesetzt werden.

Die Mittelwände werden eingelötet, eine wunderbare Winterarbeit.

EINLÖTEN DER MITTELWÄNDE

Zeitpunkt: Winter.
Material: Trafo, Rähmchen, Mittelwände.

Eine Mittelwand ist, wie wir schon gelernt haben (siehe Seite 63), eine geprägte Bienenwachsplatte, die in ein Rähmchen hineingelegt und eingelötet wird. Durch das Einlöten sitzt sie fest mitten im Rähmchen und kann von den Bienen dann zur Wabe ausgebaut werden.

Für das Mittelwand-Einlöten benötigen Sie Rähmchen, Mittelwände und einen Trafo. In jedes Rähmchen wird eine Mittelwand eingelegt, sodass die Ansatzpunkte (die Nagelköpfe) sich auf der Oberseite befinden. An einen dieser Ansatzpunkte halten Sie den Plus-, an den anderen den Minuspol des Trafos. Durch den geschlossenen Stromkreis erhitzen sich die Drähte und die Mittelwand beginnt einzusinken. Vorsicht: Dieses Erhitzen geschieht innerhalb von wenigen Sekunden. Wenn Sie die Pole zu lange an den Ansatzpunkten aufliegen lassen, sinkt die Mittelwand bis zum Boden durch. Das ist enorm ärgerlich, weil Sie diese nicht mehr reparieren können – maximal lassen sich daraus kleine Kerzen drehen. Das Mittelwand-Einlöten ist eine typische Winterarbeit der Imker. Es duftet dann wunderbar nach Bienenwachs und es kommen automatisch weihnachtliche Gefühle auf! Bereiten Sie reichlich Rähmchen vor, sodass Sie nicht jedes Mal einen Engpass haben, wenn Sie eine Durchsicht planen.

OXALSÄUREBEHANDLUNG

Zeitpunkt: Um Weihnachten herum, mindestens drei Wochen nach den ersten Nachtfrösten; die Völker müssen brutfrei sein.
Material: Eine große Spritze, Oxuvar 3,5 % ad us. vet., Schutzausrüstung siehe Ameisensäurebehandlung (siehe Seite 142), ein Helfer.

Die Oxalsäurebehandlung ist die letzte imkerliche Tätigkeit im Jahr. Drei Wochen nach den ersten Nachtfrösten sind die Völker in der Regel brutfrei. Zum Behandeln wird die Volksgröße abgeschätzt und die richtige Menge Oxalsäure anschließend auf die Wintertraube geträufelt.

Oxalsäurebehandlung von oben, aufgeträufelt mit einer Spritze. →

Dazu brauchen wir einen Helfer, der die obere Zarge ankippt, wenn die Bienen nicht oben sitzen. Das Ganze dauert nur wenige Sekunden und fügt den Bienen auch bei Minusgraden keinen Schaden zu. Eine Behandlung bei Temperaturen von -5 °C bis +5 °C ist am einfachsten. Bei mehr als 10 °C befinden sich die Bienen nicht mehr in der Traube – das gestaltet die Behandlung wesentlich unruhiger.

Die richtige Dosierung erfragen Sie bitte in Ihrem Imkerverein. In der Regel bekommt ein großes Volk 50 Milliliter, ein mittleres 40 Milliliter und ein kleines bzw. Ableger 30 Milliliter Oxalsäure. Bitte beachten Sie die Dokumentationspflicht, siehe Seite 143.

ZUM ABSCHLUSS

Wenn Sie die Bienen gemäß diesem Fahrplan durch das Jahr begleiten, werden Sie sich auch im nächsten Jahr an Ihren Völkern erfreuen können. Werden Sie niemals nachlässig, was die Varroabehandlungen betrifft. Versuchen Sie eins mit Ihren Völkern zu werden, denn dann werden die Bienen mit Ihnen reden und Ihnen den einen oder anderen Kniff verraten. Wer nah an seinen Völkern ist, der wird sehr sensibel reagieren können. Bienen sind keine Haustiere, sie sind immer noch Wildtiere. Wenn Sie das akzeptieren und bereit sind, ständig dazuzulernen, werden sich wunderbare Symbiosen zwischen Ihnen und Ihren Bienen entwickeln.

In diesem Sinne wünsche ich Ihnen alles erdenklich Gute, viel Mut, Weisheit und Ruhe, damit Ihre Bienen in Ihnen einen gleichwertigen Stock-Genossen finden.

Service

FAQs – Fragen über Fragen

→ Grundsätzliches zur Bienen-Biologie
→ Miteinander von Mensch und Honigbiene
→ Praxis: Imkerliche Arbeiten/Techniken und Produkte

Wann wissen Bienen, dass sie genug Honig im Stock haben?

Das wissen sie nicht – sie sammeln so viel, wie Platz vorhanden ist. Bienen sind unersättlich.

Wie viel Pollen ist im Bienenstock eingelagert?

Etwa ein Kilogramm. Nehmen Sie diese Menge heraus, fliegen die Bienen sofort los und sammeln, bis das Kilo wieder eingelagert ist. Bienen sind der Meinung, dass dies der perfekte Vorrat ist.

Können Bienen im Dunkeln sehen?

Nein, aber sie „sehen“ mit ihren Sinneshaaren, ähnlich wie die Katzen mit ihrem Schnurrbart. So finden sie sich in ihrem buchstäblich stockdunklen Bienenstock zurecht. Hornissen dagegen können im Gegensatz zur Honigbiene sogar im Dunkeln fliegen.

Können Bienen riechen?

Sie besitzen zwar keine Nase, aber riechen können sie mit ihren Fühlern etwa zehn Mal besser als ein Hund.

Können Bienen hören?

Bienen haben keine Ohren, aber sie können Erschütterungen und Schwingungen mit den Fühlern und Kniegelenken wahrnehmen. Wenn Sie einen hohen Sopran besitzen, werden die Bienen Sie nicht hören, einen Brummelbass dagegen gut. Bienen nehmen eher Ihre Arbeitsweise wahr als Ihre Stimme.

Wird ein Frosch, der eine Biene frisst, in die Zunge gestochen?

Nein, Frösche haben unglaublich viel „Klebstoff“ auf der Zunge und dieser Leim schützt sie vor Stichen.

Warum landen Bienen gern auf schwitzigen Händen?

Sie lecken das Salz auf und sammeln so wichtige Mineralstoffe.

Können Bienen schmecken?

Natürlich! Sogar mit dem Rüssel und genau wie die Fliegen auch mit ihren Vorderfüßen. Bienen lieben es sehr süß, und wenn der Nektar ihnen nicht süß genug scheint, suchen sie lieber woanders nach einer Pflanze mit höheren Zuckerkonzentrationen im Siebröhrensaft der Blüte.

Welche Bienenrassen gibt es?

Es gibt in jedem Land spezielle. Hier bei uns in Deutschland ist die häufigste Rasse die Carnica, die Kärtner Biene, gefolgt von der Buckfast, einer englischen Züchtung. Die hier einheimische Dunkle Europäische Biene wurde fast komplett verdrängt.

Was sind Wildbienen?

Wildbienen sind keine Honigbienen, sondern häufig solitär – also ohne Volk – lebende Bienen, die keinen Honig gewinnen. Sie legen ihre Brut in Röhren an. Es gibt in Deutschland ca. 550 verschiedenen Wildbienenarten. Sie sind je nach Art 3 mm bis 3 cm groß, sehr friedlich und stechen nicht. Auch die Hummeln zählen übrigens zu den Wildbienen.

Können Hummeln Honig machen?

Nein, das können sie nicht, sie sammeln nur Nektar. Sie benötigen keinen Wintervorrat, da nur die Hummelköniginnen als Einzelinsekten den Winter überleben, nicht die ganzen Völker. Hummelnektar ist häufig giftig, weil die Hummeln z. B. auch an Rhododendren sammeln. Honigbienen dagegen meiden giftigen Nektar.

Warum stechen Bienen?

Bienen verteidigen ihr Volk. Bienen, die Nahrung aufnehmen, stechen nicht. Sammlerinnen, die gerade auf Blüten sitzen, um Nektar zu saugen, kann man daher sogar vorsichtig mit dem Finger über ihren Pelz streichen.

Kann ich erkennen, wann eine Biene stechen wird?

Nicht sehen, aber hören! Friedliche Bienen summen ganz gemütlich. Wenn ihre Laune umschlägt, fangen sie an hörbar höher zu summen – wenn man dann nicht das Feld räumt, stechen sie.

Kann man Bienen ansehen, wie alt sie sind?

Nur ganz junge, gerade geschlüpfte Bienen und ganz alte kann man erkennen. Die ersteren sind noch grau und struppig, die letzteren haben schon viele Haare verloren, wie Opas, die eine Glatze haben. Bienen erscheinen dann fast schwarz. Außerdem haben die alten Bienen häufig ausgefranste Flügel. Alle anderen Bienen sehen tatsächlich sehr ähnlich aus.

Hilfe – ich höre und sehe meine Bienen nicht!

Vermutlich ist alles in Ordnung. Wenn Bienen nicht fliegen, ist es entweder zu kalt oder es gibt gerade keinen Nektar im Angebot. Wenn sich das Losfliegen nicht lohnt, bleibt die kluge Biene lieber zu Haus im Stock.

Wie finde ich die Königin?

Zugegeben, kein leichtes Unterfangen, unter rund 50.000 Arbeiterinnen die Majestät zu finden. Tipp: Werfen Sie einmal einen Blick auf die Drohnenwabe, den Lieblingsplatz der Königin. Das funktioniert am besten bei Flugwetter, weil dann weniger Bienen im Stock sind.

Wenn ich die Königin nicht finde – ist überhaupt noch eine im Stock?

Wenn ich Bieneneier, die Stifte, sehen kann, ist die Königin noch da.

Merken es meine Bienen, wenn ich nervös bin?

Absolut, die Erregung nehmen sie mit ihren Sinnesorganen auf. Nicht nur Sie, auch Ihre Bienen sind sensibel. Versuchen Sie überzeugend rüberzukommen, frei nach dem Motto: sicheres Auftreten bei absoluter Ahnungslosigkeit.

Kann ich eine Biene, die ins Wasser gefallen ist, retten?

Auf jeden Fall: schnell rausfischen und auf eine Blüte in die Sonne setzen. Bitte nicht mit einem Handtuch trockenrubbeln und auch nicht föhnen.

Was mache ich, wenn sich eine Biene in meinen Haaren verfängt?

Am besten einen grobgezahnten Lockenkamm in die Nähe des Bienenstandes hängen – damit kann man eine Biene vorsichtig aus den Haaren kämmen, ohne dass sie sticht.

Warum sollte man im Hochsommer im Garten nicht mehr barfuß laufen?

Morgens trinken die Bienen den Tau aus dem Gras, mittags sitzen sie im Rasen auf den Kleeblüten.

Woher weiß ich, wie schwer mein Bienenstock ist?

Entweder mit einer Federzugwaage wiegen oder die neue Beute mit allem, was dazugehört, ohne Bienen auf die Waage stellen und vier Kilogramm für die Bienen dazuzählen.

Wie verhindere ich das Zusammenkleben der Rähmchen im Winter?

Einfach ein Rähmchen aus der Beute herausnehmen, dann lassen sich die Rähmchen im Frühjahr bei der ersten Durchsicht sehr einfach ziehen.

Warum werden die Mittelwände im Rähmchen wellig?

Die Mittelwände dürfen nicht kalt eingelötet werden – daher vorher gut temperieren bei Zimmertemperatur.

Wie stark muss der Rähmchendraht gespannt werden?

So, dass man den Drähten zarte Gitarrentöne entlocken kann, wenn man an ihnen zupft.

Wann ist eine Wabe zu dunkel und muss ausgetauscht werden?

Dann, wenn sie Ihnen zu dunkel erscheint oder Sie Ihre Hand nicht mehr sehen können, wenn Sie diese im Gegenlicht dahinterhalten.

Warum darf ich meine Bienen nicht mit gekauftem Honig füttern?

Weil der gekaufte Honig Sporen der Amerikanischen Faulbrut enthalten kann.

Müssen Bienenbeuten im Winter isoliert werden?

Nein, die Bienen brauchen den Kontakt zur Außentemperatur, sonst würde die Königin zu früh anfangen, Eier/Stifte zu legen.

Woher weiß ich, welche Sorte Honig meine Bienen gemacht haben?

Schauen Sie sich die Pflanzen in Ihrer Umgebung an – alles, was da blüht, finden Sie im Honig wieder. (Fast) reine Sortenhonige, z. B. Rapshonig, gibt es nur, wenn Sie Ihre Bienen in ein Rapsfeld stellen und überall nur Raps blüht.

Für welchen Preis kann ich ein Glas Honig (500 Gramm) verkaufen?

Versuchen Sie, mindestens fünf Euro dafür zu verlangen. Die Bienen selbst würden vermutlich sagen: Er ist unbezahlbar. Es steckt so viel Arbeit darin, fragen Sie Ihre Bienen!

Sind Imkeranzüge waschbar?

Selbstverständlich, nur die Hüte sollten mit der Hand gewaschen werden, weil sich sonst die Drähte im Hut verbiegen und die Gaze zerreißt.

Wie lange ist mein Honig haltbar?

Bis das Glas leer ist. Honig hält sich, richtig gelagert, Jahre. Beim altägyptischen Pharao Tutanchamun fand man als Grabbeigabe Honig und der war noch essbar, nach 4000 Jahren! Empfohlen wird jedoch, ein Haltbarkeitsdatum von zwei Jahren anzugeben – man weiß ja schließlich nicht, wie und wo die Kunden den Honig lagern werden.

Kann Honig schlecht werden?

Nicht im eigentlichen Sinne, doch er kann in die Gärung übergehen, wenn er falsch gelagert wurde. Man kann ihn dann aber immer noch zum Kochen und Backen verwenden. Oder wunderbaren Met, Honigwein, daraus machen.

Hier finden Sie sich bestechend schnell zurecht

I

K

L

M

N

O

P

Q

R

S

T

U

V

W

SIE SIND INS SCHWÄRMEN GEKOMMEN? DANN KÖNNEN SIE HIER WEITERLESEN

→ Faßmann, N. (2018): Mein Naturgarten. Wie er mir gefällt. Verlag Eugen Ulmer, Stuttgart.

→ Frank, R. (2019): Honig. Köstlich, gesund und vielseitig. 3. Aufl., Verlag Eugen Ulmer, Stuttgart.
Wer mehr wissen möchte rund um das Thema Honig, findet hier tolle Rezepte und viele Infos.

→ Heidinger, A.; Kuhn, Ch. (2020): Imkern mit der Bienenkugel. Verlag Eugen Ulmer, Stuttgart.
Hier wird es rund, die Biene in ihrem natürlichen Habitat und trotzdem zu beimkern? Ich selber bin mit meiner Bienenkugel seit 2010 mit dabei und immer noch begeistert.

→ Tautz, J. (2024): Auch Bienen haben Schweißfüße. Verlag Eugen Ulmer, Stuttgart. *Erstaunliche Erkenntnisse, kleine und große Wunder an und in den Honigbienen. Die ganze Faszination der Honigbienen, ein Muss für jeden Bienenfreund und Naturliebhaber, nicht nur für Imker!*

→ Tourneret, É.; Saint Pierre, S. de; Tautz, J. (2018): Das Genie der Honigbienen. Verlag Eugen Ulmer, Stuttgart.

→ Westphal, U. (2014): Die Schulimkerei. Eigenverlag,
Bezug: undinewestphal.jimdo.com
Der Klassiker im Bereich der nachhaltigen Bildung. Hier finden Sie alle Informationen zu Planung/Aufbau/Betrieb einer Schulimkerei bzw. Projekten mit Kindern und Bienen inklusive Unterrichtsmaterialien.

→ Westphal, U. (2014): Imkern mit Kindern. Eigenverlag,
Bezug: undinewestphal.jimdo.com

→ Westphal, U. (2015): Frauenpower am Bienenstock. Eigenverlag,
Bezug: undinewestphal.jimdo.com

→ Westphal, U. (2018): Hallo Wildbiene. Eigenverlag,
Bezug: undinewestphal.jimdo.com
Wer unsere Wildbiene bei ihrem Kampf ums Überleben unterstützen möchte, der ist hier richtig. Wichtige Informationen für Wildbienenfreunde, um die zauberhaften kleinen Wesen im eigenen Garten anzusiedeln, satt zu bekommen und ihnen eine Unterkunft zu bieten.

→ Westphal, U. (2020): Bienen und Blumen. Eigenverlag,
Bezug: undinewestphal.jimdo.com
Hier kommen endlich mal die Blühpflanzen zu Wort.

→ Westphal, U. (2023): Naturnah und alltagstauglich imkern. Verlag Eugen Ulmer, Stuttgart.

→ Westrich, P. (2019): Die Wildbienen Deutschlands. 2. Aufl., Verlag Eugen Ulmer, Stuttgart.
Wer sich auch für unsere anderen Bienen interessiert, kommt an diesem Buch nicht vorbei. Hervorragende Fotos und Erklärungen zu jeder einzelnen Wildbiene, mit Futterpflanzen und Habitaten. Unverzichtbar für alle Wildbienenfreunde.

WICHTIGE ADRESSEN FÜRS ZUKÜNFTIGE IMKERLEBEN

—> Imkerschule Bad Segeberg, Landesverband Schleswig Holsteinische- und Hamburger Imker e.V.: www.imkerschule-sh.de
Hier gibt es eine tolle Kurslinie für alle Imker und Naturliebhaber, auch Onlinekurse.

—> www.deutscherimkerbund.de
Die höchste Instanz für Imker, der Deutsche Imkerbund (D.I.B.). *Der D.I.B. bietet Unterstützung bei allen Fragen, Gesetzen, Neuigkeiten, Forschungen im Bereich der Imkerei.*

—> Homepage der Autorin: www.undinewestphal.jimdo.com
Lädt ein zum Stöbern im Bereich der Nachhaltigen Bildung, Schulimkereien, Imkern mit Kindern, Unterrichtsmaterialien etc.

—> Instagram-Account der Autorin: elsas.bienenbox
Hier gibt es Videos zum Staunen und Dazulernen im Bereich Biene und Natur.

—> www.bienenpodcast.at
Ein wirklich guter Bienen-Podcast: Sehr interessante Bienengespräche, sehr gut recherchiert!

FACHZEITUNGEN

—> Deutsches Bienenjournal: www.bienenjournal.de

—> Biene&Natur: www.dlv-shop.de
Alle Zeitungen halten den Neuimker auf dem Laufenden. Wichtige Infos zum Thema Bienenkrankheiten, Gesetze, Monatsbetrachtungen und vieles mehr, unverzichtbar!

—> Bienenzucht siehe Imkerschule Bad Segeberg

IMKERVEREIN

—> *Meiner ist natürlich der Beste!* Imkerverein Hamburg-Walddörfer: www.ivhw.de
Finden Sie selbst den für Sie passenden, Listen bekommen Sie beim D.I.B. oder Ihrem zuständigen Landesverband. Imkervereine sind heute hervorragend aufgestellt, veranstalten regelmäßige Treffen mit hochkarätigen Fachvorträgen, hier sitzt das Know-how!

IMKEREIBEDARF

—> Fa. Holtermann: www.holtermann-shop.de
Ein wunderbarer Laden mit hervorragender Beratung gerade für Neuimker, riesiges 2.-Wahl-Lager.

—> Uwe's Bienenkorb: www.uwesbienenkorb.de
Hier kaufen alle Nordlichter gerne ein.

—> Mellifera: www.mellifera.de
Der Verein für wesensgemäße Imkerei, hier wird auch mal die Biene gehört, super interessant für sehr naturverbundene Menschen.

ÜBER DIE AUTORIN

Dort wo ich bin, sind Bienen. Schon als Kind hat mich die Natur und gerade die Welt der Insekten fasziniert. Jeder Stein wurde umgedreht, jedes noch so kleine Insekt staunend beobachtet.

Das hat sich bis heute nicht geändert. Über 14 Jahre lang habe ich die von mir aufgebaute Schulimkerei der Grund- u. Stadtteilschule Bergstedt betreut und versucht, den Schülern die faszinierende Welt der Bienen näher zu bringen. Sechs Jahre lang gab es an dieser Schule sogar einen Wahlpflichtkurs „Imkerei", den ich unterrichtet habe. Seit einigen Jahren leite ich als Dozentin Imkeranfängerkurse für Erwachsene und biete spezielle Crash-Kurse für Frauen in der Imkerschule Bad Segeberg an. Ich bin in ganz Deutschland mit meinen Vorträgen und Kursen unterwegs. Ein spezielles Fachgebiet von mir ist das Erstellen von Unterrichtsmaterialien, die auch Teil meiner Bücher sind.

DANK

Ich bedanke mich ganz herzlich bei meiner Imkerkollegin Ulrike Hemme für ihre fantastischen Fotos und bei meiner Lektorin Regina Franke für die wundervolle und ungemein erfrischende Unterstützung bei der Bearbeitung meiner Texte (wie gut, dass sie so sturmerprobt ist). BBS, ich danke dir!

BILDNACHWEIS

Titelfoto: iStock.com/balwan
Im Innenteil stammen alle Fotos bis auf die folgenden von der Autorin.
Ulrike Hemme: Seite 8, 11, 13, 14, 51, 70, 72, 74, 95, 109, 113, 114, 115, 120, 121, 122, 123, 124, 126, 127, 129, 130, 131, 143, 158.
Schmuckelemente: Claudia Eder

HINWEIS
Anmerkung zur Schreibweise (Gendering) der weiblichen, männlichen und unbestimmten Form: Ausschließlich aufgrund der deutlich besseren Lesbarkeit wird in diesem Werk auf die jeweilige Mehrfachnennung oder Anpassung der Schreibweise bestimmter Bezeichnungen verzichtet. So stehen die Namen der Vertreter verschiedener Fachbereiche (wie Imker etc.) selbstverständlich für alle, die diese Tätigkeit ausüben oder vertreten.

IMPRESSUM

Bibliografische Information der Deutschen Nationalbibliothek
Die Deutsche Nationalbibliothek verzeichnet diese Publikation in der Deutschen Nationalbibliografie; detaillierte bibliografische Daten sind im Internet über http://dnb.d-nb.de abrufbar.

Wollgrasweg 41, 70599 Stuttgart (Hohenheim)
E-Mail: info@ulmer.de
Internet: www.ulmer.de
Projektleitung: Antje Munk, Jennifer Zajonz
Lektorat: Regina Franke
Herstellung: Isabell Scherrieble
Umschlaggestaltung: red.sign, Stuttgart, Anette Vogt
Gestaltung und Satz: red.sign, Stuttgart, Susanne Junker
Reproduktion: timeRay Visualisierungen, Jettingen
Druck und Bindung: Druck und Bindung: Westermann Druck, Zwickau
Printed in Germany

FSC
www.fsc.org
MIX
Papier | Fördert gute Waldnutzung
FSC® C110508

ISBN 978-3-8186-2456-9

HIER KÖNNEN SIE WEITERLESEN

Wie Sie Ihre Völker führen und Krankheiten vorbeugen und bekämpfen können, erfahren Sie in diesem Buch. Bienenexperte Wolfgang Ritter erklärt Ihnen wissenschaftlich aktuell und verständlich, wie Sie Ihre Bienen gesund erhalten. Ohne Vorurteile erklärt er, wann biologische, wann konventionelle Maßnahmen sinnvoll sind. Die Vorgehensweisen nach der Bienenseuchenverordnung und der Tierschutzverordnung zu kennen, ist Pflicht für jeden Imker.

Bienen gesund erhalten. Bienenkrankheiten vorbeugen, erkennen und behandeln. W. Ritter. 3., erw. Auflage 2021. 264 Seiten, 158 Farbfotos, 62 Zeichnungen, geb. ISBN 978-3-8186-0969-6.

Dieses Buch stellt ein neues Beutensystem vor, das sich an der natürlichen Lebensweise der Bienen orientiert und ihnen so ein friedliches, gesundes Leben ermöglicht: Die Bienenkugel! Erfahren Sie, welche Beobachtungen zu diesem runden Beutensystem geführt haben und welche Vorteile es im Gegensatz zu den herkömmlichen rechteckigen Kästen mit sich bringt. Lernen Sie, wie die Bienenkugel aufgebaut ist und wie man damit imkert.

Imkern mit der Bienenkugel. Rund statt eckig – Lernen von der Natur. A. Heidinger, C. Kuhn. 2020. 128 Seiten, 90 Farbfotos, 11 farbige Zeichnungen, geb. ISBN 978-3-8186-0931-3.